Aus der Klinik für Pferde, Allgemeine Chirurgie und Radiologie, der Freien Universität Berlin
(Vorstand: Prof. Dr. A. Grabner)
und dem
Institut für Virologie, Fachbereich Veterinärmedizin, der Justus-Liebig-Universität, Gießen
(Vorstand: Prof. Dr. H.-J. Thiel)

Epizootiologische Untersuchungen zur Bornaschen Krankheit bei Pferden in Bayern und Darstellung des monoklonalen Antikörpers 38/15H7

INAUGURAL-DISSERTATION
zur Erlangung des Grades eines
Doktors der Veterinärmedizin
an der
Freien Universität Berlin

vorgelegt von
Ulrike Reichelt
Tierärztin aus Chemnitz
Berlin 2009

Journal-Nr.: 3370

Gedruckt mit Genehmigung des Fachbereichs Veterinärmedizin
der Freien Universität Berlin

Dekan:	Univ.-Prof. Dr. Leo Brunnberg
Erster Gutachter:	Univ.-Prof. Dr. Arthur Grabner
Zweiter Gutachter:	Univ.-Prof. Dr. Klaus Osterrieder
Dritter Gutachter:	Univ.-Prof. Dr. Leo Brunnberg

Deskriptoren (nach CAB-Thesaurus):
borna disease virus, horse diseases, epidemiology, monoclonal antibodies, immunhistology

Tag der Promotion: 26.04.2010

Für die Auswertung wesentlicher Unterlagen der Bayerischen Tierseuchenkasse im Rahmen Ihrer Dissertation sprechen wir Ihnen unseren Dank aus – eine Arbeit, welche die Bayerische Tierseuchenkasse selbst nicht hätte leisten können.

Dr. Franz Josef Pauels

Im Auftrag der Bayerischen Tierseuchenkasse Anstalt des öffentlichen Rechts

Bibliografische Information der *Deutschen Nationalbibliothek*
Die Deutsche Nationalbibliothek verzeichnet diese Publikation in der Deutschen Nationalbibliografie; detaillierte bibliografische Daten sind im Internet über <http://dnb.ddb.de> abrufbar.

ISBN: 978-3-86664-808-1
Zugl.: Berlin, Freie Univ., Diss., 2009
Dissertation, Freie Universität Berlin
D 188

choriner str. 85 - 10119 berlin
verlag@menschundbuch.de – www.menschundbuch.de

Für meine Eltern

Es ist wichtig, den tieferen Zusammenhang hinter den Symptomen zu erkennen.

I Inhaltsverzeichnis

1 Einleitung

Die Bornasche Krankheit (Borna Disease, BD) ist eine nichteitrige Meningoenzephalomyelitis, deren Genese auf einer virusinduzierten, T-zellvermittelten immunpathologischen Reaktion beruht. Bei der natürlichen Infektion, die vorwiegend bei Pferd und Schaf und nur selten auch bei anderen Tierarten vorkommt, ist die BD seit über 200 Jahren bekannt und kam ursprünglich nur in bestimmten Gegenden Deutschlands und der Ostschweiz vor. Um 1900 verlief die Erkrankung in seuchenartigen Zügen vor allem in Sachsen, Bayern und Baden Württemberg. Heute kann ein deutlicher Rückgang der Inzidenz in endemischen Gebieten beobachtet werden. Trotzdem gilt die Bornasche Krankheit immer noch als eine der bedeutendsten virusbedingten Erkrankungen des ZNS beim Pferd, die in über 90% der Fälle zum Tod führt. Die Frage nach der Infektion, die potentiellen Übertragungswege und das Virusreservoir sind noch immer nicht völlig aufgeklärt. Auch unterschiedliche Forschungsergebnisse auf dem Gebiet der Diagnostik geben immer wieder Anlass zu wissenschaftlicher Kritik.

In der vorliegenden Arbeit wurden n=451 Fälle von Pferden mit Bornascher Krankheit (BK) im Zeitraum von 1990 bis 2008 im Raum Bayern gesammelt und ausgewertet. Diese Untersuchungen hatten zum Ziel, etwaige Veränderungen der Endemiegebiete darzustellen und eine Auswertung nach epizootiologischen Gesichtspunkten vorzunehmen. Das Vorliegen einer exakten Diagnose wurde dabei zur Grundvoraussetzung und gab Anlass für weitere wissenschaftliche Untersuchungen. *Intra vitam* beruht die Verdachtsdiagnose zunächst auf der Feststellung der typischen Symptomatik, der Untersuchung von Serum und Liquor cerebrospinalis (CSF) auf Antikörper sowie der zytologischen und laborchemischen Untersuchung von CSF. Der Nachweis von Antikörpern gegen das BDV in Serum und CSF kann mit Hilfe der indirekten Immunfluoreszenz sicher geführt und die Diagnose BD gestellt werden. Der Nachweis von virusspezifischem Antigen *post mortem* ist sowohl immunhistologisch als auch virologisch möglich. Mit Hilfe des Immunoblots werden mit einem polyklonalen Rattenserum die virusspezifischen Proteine 24 kDa und

38/39 kDa nachgewiesen. In der Immunhistologie wird der monoklonale Antikörper Bo 18 von der Maus, der das virale Nucleoprotein 38/39 kDa erkennt, eingesetzt.
Eine weitere Zielstellung dieser Arbeit ist die Untersuchung eines zusätzlichen monoklonalen Antikörpers (38/15H7), der ein anderes Epitop als der Bo 18 auf dem 38/39 kDa Antigen erkennt. Durch Varianten des Epitops, das von Bo 18 erkannt wird, kann es bei immunhistologischen Untersuchungen zu falsch negativen Ergebnissen kommen. Deshalb soll ein weiterer monoklonaler Antikörper untersucht werden, der zusammen mit dem Bo 18 in der Immunhistologie eingesetzt werden kann.

2 Literaturübersicht

2.1 Charakterisierung und Eigenschaften des Virus der Bornaschen Krankheit

VON SIND (zit. GELLERT) schrieb 1766 in seinem Buch *„Der im Feld und auf der Reise geschwind heilende Pferdearzt“* über eine *Kopfkrankheit, die mit der heutigen Bornaschen Krankheit übereinstimmt: “Das Pferd ist anfänglich traurig und versaget sein Futter; es läßt den Kopf und die Ohren hängen, hat Hitze und Schleim im Maul, trübe und wässrige Augen; wanket im Gehen hin und her, als ob es schwindlich wäre; (...)drücket den Kopf gegen die Mauer, (...)endlich fället es in convulsive Bewegungen, woran es meistens das Leben lässet“* (GELLERT, 1995).

Während sich Beschreibungen der Kopfkrankheit vor 1871 vorwiegend auf die Königreiche Württemberg und Bayern beschränkten, wurde Ende des 19. Jahrhunderts auch von großen Verlusten durch eine „Zerebrospinalmeningitis“ im Königreich Sachsen berichtet. Ihren Namen erhielt die Bornasche Krankheit nach einem verheerenden Seuchenzug in den Jahren 1894 - 1896 in der Gegend um die ‚Amthauptmannschaft' Borna, dem mehrere Hundert Pferde zum Opfer fielen. 1895 beginnt die wissenschaftliche Erforschung der Bornaschen Krankheit. In dieser Zeit gab es noch recht unterschiedliche Anschauungen über das Wesen und die Ursache der BK. JOEST und DEGEN berichteten als Erste über histologische Veränderungen in Form von intranukleären Körperchen in den Ganglienzellen des Zentralnervensystems von an Bornascher Krankheit erkrankten Pferden (JOEST und DEGEN, 1909). Aufgrund ihrer ausführlichen histopathologischen Untersuchungen sahen sie ein Virus als Ursache an, nachdem man lange Zeit Monokokken und Diplokokken für das auslösende Agens gehalten hatte (SIEDAMGROTZKY und SCHLEGEL, 1896). Durch die Übertragung von bakterienfreien Gehirnhomogenaten eines an BD erkrankten Pferdes auf das Kaninchen und die anschließende

Rückübertragung auf das Pferd konnte die virale Genese durch ZWICK und SEIFRIED bestätigt werden (ZWICK und SEIFRIED, 1925). Einen bedeutenden Fortschritt in der Erforschung der Pathogenese dieser Krankheit stellten die Untersuchungen von NITZSCHKE dar. Er benutzte die Ratte aufgrund ihrer hohen Empfänglichkeit für das BDV als Tiermodell und beobachtete einen Einfluss des Alters der Versuchstiere auf die BDV-Infektion (NITZSCHKE, 1963). Einige Jahre später konnte anhand der Untersuchungen von NARAYAN bei der Lewis Ratte herausgefunden werden, dass die Genese der Erkrankung auf einer immunpathologischen Reaktion basiert und durch eine T-Helferzellen-vermittelte Hypersensitivitätsreaktion vom verzögerten Typ ausgelöst wird (delayed-type hypersensitivity) (NARAYAN et al., 1983a). Aufgrund seiner besonderen strukturellen und genetischen Eigenschaften sowie der Replikation und Transkription im Nukleus, konnte es in keine der bekannten Virusfamilien eingeordnet werden. Deshalb wurde es in einer eigenen Virusfamilie, den - Bornaviridae - ,der Ordnung der Mononegavirales zugeordnet.

Das BDV ist ein behülltes, unsegmentiertes, einzelsträngiges Virus mit negativer Polarität (CUBITT und DE LA TORRE, 1994). Es ist empfindlich gegenüber Hitze, Säure, UV-Strahlung und Lipidlösungsmitteln (HEINIG, 1964; 1969; DANNER und MAYR, 1979). Eine Größe von 85-120 nm wurde von ELFORD und GALLOWAY mittels Filtration und durch GONZALES-DUNIA von 70-130 nm in der Elektronenmikroskopie bestimmt (ELFORD und GALLOWAY, 1933; GONZALEZ-DUNIA et al., 1997).

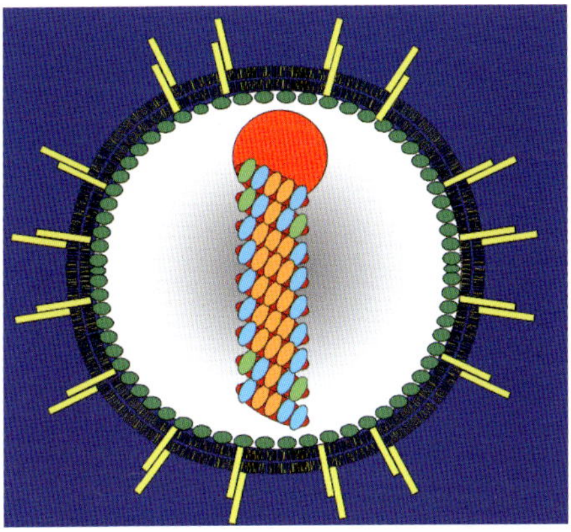

Abb.1: Schematische Darstellung des BDV-Virus

Eine weitere Besonderheit des BDV ist die hohe Sequenzhomologie zwischen Isolaten natürlicher und experimenteller Infektion (BRIESE et al., 1994). Im Vergleich von Genomsequenzen bezüglich des p24 Proteins zwischen natürlich infizierten Tieren wie Pferd und Schaf zu einem in der Zellkultur adaptierten Virus wurde eine Homologie auf Nucleotidebene von 92,6% sowie auf Aminosäurenebene von 97% erbracht. Eine nur sehr geringe Mutationsrate stellte man durch Sequenzierung von p24 und p40 in Gehirnmaterial von natürlich infizierten Pferden und Schafen fest (LOHMANN, 2003). Die gemischte RNA des BDV hat eine Größe von 8.9 kb. Das Genom des BDV enthält 6 offene Leserahmen (open reading frames; ORF I, ORF II, ORF III, ORF IV, ORF V, ORF x1) (CUBITT et al., 1994; DE LA TORRE, 1994). ORF I kodiert für das Nukleoprotein (N) und hat zwei Isoformen mit Molekulargewichten von 38 und 39 kDa (p38/39). ORF II kodiert für das 24 kDa (p24) große Phosphoprotein (P) (THIEDEMANN et al., 1992; THIERER et al., 1992). In einem weiteren Leserahmen ORF x1, welcher mit ORF II überlappt, wird die genetische Information für das Virusprotein (X) mit einer Größe von 10 kDa (p10) abgelesen. Es besitzt Kerntransportfunktion (WEHNER et al., 1997; WOLFF et al., 2000). ORF III kodiert für das glykosylierte Matrixprotein (M) 14/18 kDa (gp18). Antikörper, die gegen dieses Protein gerichtet sind, besitzen neutralisierende Eigenschaften, was für eine

Verankerung von gp18 in der Virushülle spricht (SCHÄDLER et al., 1985; KLICHE et al., 1994; STOYLOFF et al., 1994; HATALSKI et al., 1995; STOYLOFF et al., 1997). ORF IV kodiert für das 56 kDa (p56) große Glykoprotein (G), welches in infizierten Zellen in zwei glykosylierten Formen mit Molekulargewichten von 84 kDa (gp84) und 43 kDa (gp43) vorkommt. GONZALES-DUNIA fand heraus, dass gp43 identisch dem C-terminalen Ende des gp84 ist und wahrscheinlich nach proteolytischer Abspaltung durch Furin entsteht. Beide Proteine haben eine große Bedeutung für die Anheftung des Virus an zelluläre Oberflächenproteine (gp84) und die Penetration des Virus in die Zelle (gp43) (GONZALEZ-DUNIA et al., 1997). ORF V kodiert für ein Protein der Größe von 180 kDa (p180) (GONZALEZ-DUNIA et al., 1997). Die Lokalisation des ORF V am 5' Ende des Genoms, sein Molekulargewicht sowie seine Nukleotidsequenzen ähneln Polymerasen anderer negativsträngiger RNA-Viren, die für das „large protein“ (L) kodieren (BRIESE et al., 1994; CUBITT et al., 1994).

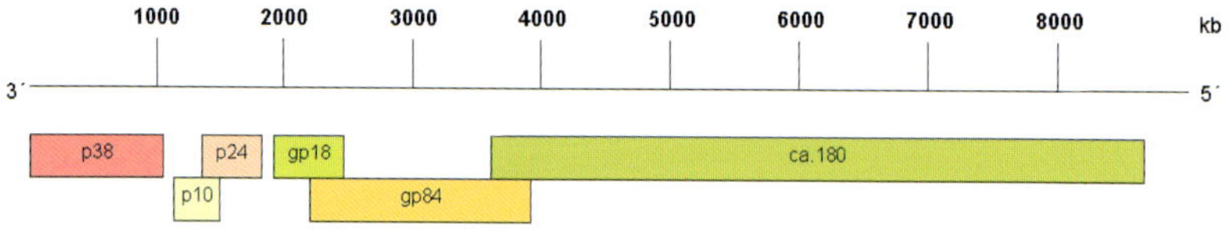

Abb.2: Genomorganisation des BDV-Virus

2.2 Infektionsweg und Virusausbreitung

Das BD Virus zeigt einen strengen Neurotropismus und gelangt wahrscheinlich bei der natürlichen Infektion über die Nervenendigungen des Riechepithels auf intraaxonalem Weg ins Gehirn (CARBONE et al., 1988). Schon JOEST und DEGEN vermuten aufgrund ihrer histologischen Untersuchungen von an natürlichen Infektionen gestorbenen Pferden, dass die Ansteckung vorwiegend auf rhinogenem

Wege erfolgt. Die Infektion geht ihrer Ansicht nach von der Nasenschleimhaut über die den Nervus olfactorius begleitenden Lymphbahnen in das Gebiet des Riechkolbens aus. Mit ihren experimentellen Untersuchungen an intrazerebral und intranasal mit BDV-infizierten Pferden, Ratten und Kaninchen, die in der Regel zur Erkrankung führten, konnten sie diesen Verdacht bestätigen (JOEST und DEGEN, 1911). Andere Versuche, Pferde und kleine Versuchstiere peroral oder durch gezielten Kontakt mit BDV zu infizieren, führten zu keinem Erfolg (ZWICK et al., 1927; 1928; MATTHIAS, 1953; 1955; 1958).

2.2.1 Natürliche Infektion

Die BD ist eine der ältesten, bekannten Viruserkrankungen. Über eine Erkrankung beim Schaf gibt es erste Berichte von PRIETSCH und WALTHER. Vom Ausbruch der Bornaschen Krankheit in einer Schafherde in der Schweiz berichtet METZLER (PRIETSCH, 1896; WALTHER, 1899; METZLER et al., 1976). Aber nicht nur bei Pferd und Schaf, sondern auch bei einigen anderen Tierarten konnten natürliche Infektionen beobachtet werden. OTTA und JENTZSCH sowie METZLER berichten von einer spontanen Infektion beim Kaninchen (OTTA und JENTZSCH, 1960; METZLER et al., 1978). ALTMANN diagnostiziert anhand der histologischen Gehirnuntersuchung die BD bei Neuwelttylopoden (Lama, Alpaka) und einem Maulesel (ALTMANN et al., 1976), aber auch über Infektionen bei der Ziege (Ihlenburg 1962), Rind (ERNST und HAHN, 1927; CAPLAZI et al., 1994) und Reh (ERNST und HAHN, 1927) gibt es Berichte. Bei der in Schweden als „staggering disease" bekannten Meningoenzephalomyelitis der Katze, die durch neurologische Ausfälle gekennzeichnet ist, konnten BDV-spezifische Antikörper im Serum sowie *post mortem* BDV-Antigen und Virus-RNA im ZNS erkrankter Tiere nachgewiesen werden (LUNDGREN et al., 1995). BDV-Infektionen der Katze sind nicht nur aus Schweden bekannt, sondern wurden auch in Deutschland, Österreich, der Schweiz, Japan und Großbritannien beobachtet (NOWOTNY und WEISSENBÖCK, 1995; BORNAND et al., 1998; REEVES et al., 1998). FLUESS stellt bei Ihren epidemiologischen Untersuchungen zur Bornaschen Krankheit

BDV-spezifische Antikörper im Serum von Katzen fest. Die erreichten Antikörper-Titer waren dabei mit denen von anderen natürlich infizierten Spezies vergleichbar (FLUESS, 2002). Bei Vögeln, im Besonderen bei jungen Straußen in Israel, wurde ein Symptomenkomplex beobachtet, bei dem es zur spastischen Parese und Koordinationsstörungen kam. *Post mortem* konnte BDV-Antigen im Gehirn von erkrankten Tieren nachgewiesen werden (MALKINSON et al., 1993). WEISSENBOECK untersuchte eine nichteitrige Meningoenzephalitis lymphozytären Charakters bei einem Husky in Österreich (WEISSENBÖCK et al., 1998). Lange Zeit galt das BDV als nicht humanpathogen. Nach experimentellen Infektionen bei Primaten, welche fast ausschließlich zu Störungen von Verhaltensweisen führten, kam der Verdacht auf, dass das BDV beim Menschen psychiatrische Störungen verursachen könnte. BDV-Serum-Antikörper beim Mensch wurden erstmals 1985 durch AMSTERDAM und ROTT nachgewiesen (AMSTERDAM et al., 1985; ROTT et al., 1985). Auch BECHTER und SCHÜTTLER schließen nicht aus, dass durch das Virus der Bornaschen Krankheit beim Menschen psychische Störungen verursacht werden könnten (BECHTER und SCHÜTTLER, 1989). BECHTER konnte BDV-spezifische Serum-Antikörper im Blut von Patienten mit psychiatrischen und neurologischen Störungen nachweisen und führte umfangreiche serologische Untersuchungen durch, bei denen er feststellte, dass der Anteil an seropositiven Patienten mit psychiatrischen und neurologischen Erkrankungen höher liegt, als bei gesunden Kontrollgruppen (BECHTER et al., 1997). Unterstützt wurden diese Ergebnisse durch Untersuchungen mit Hilfe der Kernspintomographie. Hier fand BECHTER eine diskrete Gehirnatrophie bei BDV-seropositiven psychiatrischen Patienten (BECHTER, 1998). Schließlich berichten mehrere Forschergruppen (BODE, 1995; KISHI et al., 1995; BODE et al., 1996; SAUDER et al., 1996; FERSZT et al., 1999; BODE et al., 2001) über die Isolierung einer humanen Variante von BDV aus den peripheren Blutmonozyten (PBMC) von psychiatrischen Patienten und stellen gleichzeitig einen ätiopathogenetischen Zusammenhang zu psychiatrischen Erkrankungen her. Der Nachweis von BDV-RNA Sequenzen in den PBMCs konnte jedoch von anderen Forschergruppen nicht bestätigt werden (LIEB, 1997; RICHT et al., 1997; BECHTER, 1999; KIM et al., 1999).

Um eine bessere Vergleichbarkeit dieser unterschiedlichen Ergebnisse der verschiedenen Forschergruppen zu erreichen, kam die Forderung nach einer Validierung der Nachweisverfahren sowie einer standardisierten Methode auf. Die sehr sensitive nested RT-PCR Technik für den Nachweis von BDV-RNA in PBMCs sowie eine Sandwich-ELISA-Methode, mit der bornavirusspezifische zirkulierende Immunkomplexe (CIC) im menschlichen Blut identifiziert werden können, wurden in den letzten Jahren mehrfach auf ihre Zuverlässigkeit hin geprüft (SCHWEMMLE, 1999; WOLFF et al., 2006; WOLFF, 2006a; 2006b). SCHWEMMLE diskutierte die von LUDWIG und BODE als mögliche Ursache der kontroversen Ergebnisse definierte Entnahme der Blutprobe zu einem unbestimmten Zeitpunkt während der akuten oder chronischen Phase der Erkrankung (LUDWIG und BODE, 2000). Da diese oft nicht genau feststellbar und durch lange „Latenzphasen" sowie kurze „Aktivierungsphasen" gekennzeichnet sein sollen, könnten die damit verbundenen Veränderungen der nachweisbaren BDV-RNA im Blut mit den unterschiedlichen Ergebnissen in Zusammenhang stehen (LUDWIG und BODE, 2000). Bei seinen Untersuchungen stellte SCHWEMMLE fest, dass bei den aus humanem Blut gewonnenen BDV-RNA Sequenzen eine hohe Homologie zu den BDV-Stämmen, mit denen in den entsprechenden Laboratorien gearbeitet wurde, besteht (SCHWEMMLE, 2001). Auch die Bewertung der ELISA-Ergebnisse müssen kritisch betrachtet werden, da das BDV einen strengen Neurotropismus aufweist. In einer neuen Metaanalyse untersuchte DÜRRWALD alle bisher veröffentlichten menschlichen BDV-Gensequenzen mit den bekannten BDV-Isolaten (BDV-V, BDV-MDCK He/80, BDV-MDCK H24, BDV-MDCK H1766). Dabei wurde eine hohe Homologie zwischen in Japan, Australien und Frankreich isolierten humanen Sequenzen mit den Sequenzen von Isolaten vom Pferd aus endemischen Regionen in Deutschland festgestellt (DÜRRWALD et al., 2007). Aus diesem Grund liegt die Vermutung nah, dass die früheren kontroversen Ergebnisse unterschiedlicher Forschergruppen auf Laborkontaminationen zurückzuführen sind. Eine Beteiligung von BDV bei der Entstehung von psychiatrischen Erkrankungen beim Menschen muss deshalb auch weiterhin in Frage gestellt werden. Zusätzliche Forschungsarbeit, vor allem an akuten Enzephalitiden im Zusammenhang mit der Bornaschen Krankheit, sollte geleistet werden.

2.2.2 Experimentelle Infektion

ZWICK und SEIFRIED konnten bereits 1925 zeigen, dass sich das Virus der Bornaschen Krankheit durch intracerebrale Verimpfung einer Gehirnemulsion von einem der Seuche erlegenen Pferd auf Kaninchen übertragen und in Passagen fortführen ließ (ZWICK und SEIFRIED, 1925). Die erfolgreiche Übertragung auf das Kaninchen gab zugleich den Anstoß für Infektionsversuche an verschiedenen anderen Tierarten. Dabei zeigte sich außer dem Meerschweinchen auch die weiße Ratte als empfänglich (NITZSCHKE, 1963). Experimentell kann das Virus durch intrazerebrale Infektion auf ein sehr breites Spektrum von Tierarten, vom Huhn bis zum Primaten, übertragen werden. Das Erscheinungsbild der BD kann dabei sehr unterschiedlich sein. Goldhamster und Spitzhörnchen zeigen nach Infektion nur eine Verhaltensstörung, bei der insbesondere das soziale Verhalten betroffen ist. Die BDV-Infektion der Maus verläuft trotz Virusreplikation im ZNS ohne Ausbildung von Symptomen. Außerdem können nur geringgradige pathologische Veränderungen im Gehirn nachgewiesen werden. Bei der adulten Lewis-Ratte kommt es nach intrazerebraler Infektion mit BDV nach ca. 14 Tagen zu den ersten Symptomen, sowie im Weiteren zur Ausbildung des typischen biphasischen Krankheitsverlaufs. In der akuten Phase der Erkrankung zeigen sich eine vermehrte Schreckhaftigkeit, Hyperaktivität, Aggressivität, Koordinationsstörungen und Ataxie. Ein Höhepunkt der entzündlichen Reaktionen im Gehirn, vor allem im Bereich des limbischen Systems, wird zwischen dem 30.-35. Tag p. i. erreicht. Danach geht die entzündliche Reaktion im Gehirn zurück und die Tiere entwickeln ein apathisches, depressives Verhalten. Im chronischen Spätstadium der Erkrankung kommt es zur Ausbildung eines Hydrocephalus sowie einer Retinitis mit Destruktion des Pigmentepithels und der Photorezeptoren der Retina. Die Untersuchungen an Ratten der Stämme Lewis, Wistar und black hooded (BH) zeigten auch innerhalb der Tierartspezies deutliche

Unterschiede im Krankheitsverlauf, die darauf hinwiesen, dass auch genetische Faktoren bei der BD eine Rolle spielen. So führt die intrazerebrale Infektion bei BH-Ratten zu einer persistierenden Infektion im ZNS ohne klinische Symptomatik. Dagegen kommt es bei der Lewis- und Wistar-Ratte zu einer ausgeprägten zentralnervösen Symptomatik (HERZOG et al., 1991).

2.3 Pathogenese

Für die Untersuchung der Pathogenese bei der Bornaschen Krankheit hat die Lewis Ratte große Bedeutung erlangt. Durch die experimentellen Untersuchungen am Tiermodell konnte der Infektionsweg weitgehend aufgeklärt werden. Es wird angenommen, dass die natürliche BDV-Infektion über die Nervenendigungen der Riechschleimhaut erfolgt und sich das Virus initial in den olfaktorischen Neuronen des Eintrittsorts vermehrt, um sich dann intraaxonal in Richtung Gehirn auszubreiten (ROTT und BECHT, 1995). BILZER stellte bei seinen neuropathologischen Untersuchungen virusspezifisches Antigen im Nervus trigeminus und Ganglion trigeminale fest und sieht hier neben dem Olfaktoriussystem einen weiteren möglichen natürlichen Infektionsweg (BILZER et al., 1996). Im Gehirn kommt es zur Virusreplikation in den Neuronen und Gliazellen und zur Virusausbreitung über den Bulbus olfactorius hauptsächlich in den Bereich des Limbischen Systems. Die Infektion ist streng neurotrop und virusspezifisches Antigen wird vorwiegend in neuronalen Zellen nachgewiesen (KREY et al., 1979; NARAYAN et al., 1983a; CARBONE et al., 1987; MORALES et al., 1988; CARBONE et al., 1991). Bei experimentell infizierten adulten Lewis-Ratten ist die Virusausbreitung ausschließlich auf das ZNS begrenzt. Virusantigen und virusspezifische RNA wird dabei hauptsächlich in Ganglienzellen, Astrozyten, Oligodendrozyten, Ependymzellen und Schwannschen Zellen nachgewiesen. Im Gegensatz dazu breitet sich das Virus bei neonatal infizierten Lewis-Ratten vom ZNS in parenchymale Zellen peripherer Organe aus, allerdings ohne klinische Erscheinungen hervorzurufen und mit Ausnahme von peripheren Blutzellen, lymphatischen Organen, Knochen, Knorpel,- und Keimzellen. Die immunhistologische Untersuchung zeigte, dass die Anzahl der infizierten Zellen in direktem Zusammenhang mit der Dauer der Infektion steht (HERZOG et al., 1984). Eine weitere Besonderheit bei der neonatal infizierten Ratte ist die Ausscheidung von infektiösem Virus über Speichel, Urin und Tränensekret (MORALES et al., 1988). In Untersuchungen von spontan an BD erkrankten Pferden und Schafen konnte mit der RT-PCR BDV-virusspezifische RNA immer im Bulbus olfactorius, Nucleus caudatus, Hippocampus und im zerebralen Cortex gefunden werden. Eine Virusausbreitung beim Pferd über das ZNS hinaus in die peripheren Organe wird unterschiedlich diskutiert. BILZER gelang es nicht, bei spontan infizierten Pferden BDV-spezifisches Antigen oder BDV-RNA in den peripheren Organen oder dem autonomen Nervensystem nachzuweisen (BILZER et al., 1996). Dagegen fand DÜRRWALD bei an BD erkrankten Pferden virusspezifisches Antigen in der CSF, Glaskörper, Retina und Kammerflüssigkeit, sowie der Milz, Leber, Rückenmark und Niere. Infektiöses Virus konnte er aus der Retina und bei zwei Pferden aus der Milz isolieren (DÜRRWALD, 1993). HERZOG berichtet über die Isolierung von infektiösem BD-Virus und virusspezifischem Antigen in wenigen akuten Fällen von BD aus Glandula lacrimalis und Parotis (HERZOG et al., 1994; HERZOG et al., 1998). Eine Virusausscheidung über die Sekrete dieser Drüsen könnte bei einigen Fällen in Betracht gezogen werden.

2.4 Immunpathogenese

NITZSCHKE fand bei seinen ersten Versuchen Hinweise auf immunpathologische Vorgänge. Er infizierte Ratten im Alter von 11 Tagen und stellte eine chronisch, schleichende Infektion mit verminderter Gewichtszunahme fest. Infantile Ratten zeigten nach intrazerebraler Infektion entweder keine Krankheitssymptome oder erkrankten erst nach 9 - 15 Monaten *post infectionem* (NITZSCHKE, 1963). HERZOG infizierte athymische Nacktratten und Lewis-Ratten i. c. mit BD-Virus. Während eines Beobachtungszeitraums von 100 Tagen konnten bei den athymischen Nacktratten weder klinische Anzeichen noch pathologische Veränderungen des ZNS im Sinne einer Enzephalitis festgestellt werden. Im Gegensatz dazu zeigten immunkompetente

Lewis-Ratten eine klinische Symptomatik und entwickelten eine Enzephalitis/ Retinitis. Diese Ergebnisse deuten auf eine zelluläre Immunantwort hin (HERZOG et al., 1985). Weiterhin konnte gezeigt werden, dass die BD nicht durch das BDV selbst ausgelöst wird, sondern auf einer virusinduzierten, T-zellvermittelten Immunreaktion vom verzögerten Typ (delayed-type hypersensitivity) beruht (ROTT et al., 1988). In seinen Versuchen infizierte er immunkompetente und immuninkompetente Lewis-Ratten. Bei immuninkompetenten Tieren wie neugeborenen oder thymusaplastischen oder mit Cyclophosphamid oder Cyclosporin A behandelten, immunsupprimierten Tieren führte die intrazerebrale Infektion zu einer persistierenden Infektion im Gehirn ohne Erkrankung und ohne histopathologische Veränderungen. Die Virusreplikation im Gehirn erfolgte bei immuninkompetenten Tieren mit ähnlich hohen Virustitern, wenn auch verzögert und ohne Erkrankung. Außerdem konnte gezeigt werden, dass die Antikörper keine Rolle bei der immunologischen Reaktion spielten. Die aus Serum und CSF gewonnenen Antikörper waren nicht in der Lage, das Virus zu neutralisieren und haben somit keinen Einfluss auf die Ausbreitung des Virus im Körper (LUDWIG und BECHT, 1977; NARAYAN et al., 1983a; ROTT et al., 1988). Es liegt nahe, dass eine humorale Immunantwort bei der Pathogenese der BD nicht von Bedeutung zu sein scheint (HIRANO et al., 1983; STITZ et al., 1989). Der Transfer von Zellen aus Milz oder Lymphknoten BDV-infizierter immunkompetenter adulter Ratten auf immuninkompetente BDV-infizierte Tiere führte zur klinischen Erkrankung und Ausbildung einer Enzephalitis. Dieser Vorgang lieferte einen überzeugenden Beweis dafür, dass nicht das Virus selbst, sondern eine T-Zell- vermittelte immunpathologische Reaktion Bedeutung für die Auslösung der Krankheit hat (ROTT et al., 1988). STITZ untersuchte die perivaskulären Infiltrate im Rattengehirn und konnte Immunzellen vom Typ $CD4^+$-T-Zellen, $CD8^+$-T-Zellen und Makrophagen als die hauptsächlich an der Immunreaktion beteiligten Zellen identifizieren (STITZ et al., 1991). Dabei sind die $CD4^+$-T-Zellen perivaskulär, $CD8^+$-T-Zellen hauptsächlich im Parenchym und Makrophagen sowohl parenchymal als auch perivaskulär lokalisiert (STITZ et al., 2002). DESCHL stellte heraus, dass Plasmazellen und B-Lymphozyten erst zu einem späteren Zeitpunkt der Infektion nachweisbar sind (DESCHL et al.,

1990). Die Aufklärung, welcher Zelltyp entscheidend an der Pathogenese beteiligt ist, erhielt man nach Transfer von *in vitro* etablierten homogenen T-Zelllinien ($CD4^+$). Diese zeigten eine virusspezifische Reaktivität gegenüber BD-Virus auf immunsupprimierte BDV-infizierte Ratten und führten nach kurzer Zeit zu einer Enzephalitis mit den typischen Krankheitserscheinungen. Im Gegensatz dazu kommt es beim Transfer BDV spezifischer $CD4^+$-T-Zellen in nichtinfizierte Empfängertiere zu keiner Erkrankung. Im Weiteren konnte NÖSKE nachweisen, dass bei der adulten Ratte der Transfer von $CD4^+$-T-Zellen zu einem bestimmten Zeitpunkt der Infektion, eine entscheidende Rolle für die Ausbildung oder Unterdrückung der klinischen Symptomatik spielt. Zu einem frühen Zeitpunkt der Infektion schützen die $CD4^+$-T-Zellen vor einer Infektion, während sie zu einem späteren Zeitpunkt die immunpathologische Reaktion hervorrufen. Der Transfer von virusspezifischen $CD4^+$-T-Zellen vor der BDV-Infektion schützt vor einer Erkrankung und steht in Zusammenhang mit dem Anstieg von virusspezifischen $CD8^+$-T-Zellen und Perforin sowie einer erhöhten zytotoxischen Aktivität der Lymphozyten im Gehirn (NÖSKE et al., 1998). Die Bedeutung der $CD8^+$-T-Zellen wurden von STITZ und BILZER bestätigt (STITZ et al., 1992; BILZER und STITZ, 1993). Auch SHANKAR und PLANZ zeigten auf, dass die degenerativen Veränderungen im Gehirn hauptsächlich durch die zytolytische Wirkung der $CD8^+$-T-Zellen entsteht (SHANKAR et al., 1992; PLANZ et al., 1993). BDV-infizierte Ratten, behandelt mit monoklonalen Antikörpern gegen $CD8^+$-T-Zellen, zeigten einen Rückgang der Entzündung im Gehirn und bildeten im Spätstadium der Infektion keinen Hydrozephalus aus (STITZ et al., 1992; BILZER und STITZ, 1993; 1994; PLANZ et al., 1995). RUBIN untersuchte das zelluläre Adhäsionsmolekül *alpha4*-Integrin, das durch T-Lymphozyten gebildet wird und eine Rezeptorfunktion bei der Penetration der T-Zellen in das entzündete Gebiet im ZNS hat. Durch Hemmung des *alpha4-Integrin* wurden die entzündlichen Immunzellen im ZNS reduziert und die Entstehung der BD verzögert (RUBIN et al., 1998). Abschließend kann festgestellt werden, dass bei der Ratte die BDV-spezifischen $CD8^+$-T-Zellen in der akuten Phase der Infektion hauptsächlich für die Zerstörung virusinfizierter Zellen verantwortlich sind und die $CD4^+$-T-Zellen dabei nur als

Helferzellen fungieren. Obwohl den $CD8^{+}$-T-Zellen eine entscheidende Funktion in der Immunpathologie zukommt, sind sie andererseits auch in der Lage, unter bestimmten Bedingungen Virus zu eliminieren (STAMER, 2002; STITZ et al., 2002). Über den Vorgang der immunpathologischen Reaktion der BD am Gehirn erkrankter Pferde gibt es keine experimentellen Untersuchungen. Die bei der Ratte gewonnenen Erkenntnisse konnten jedoch auf das Pferd übertragen und durch Untersuchungen an spontan erkrankten Pferden und Schafen bestätigt werden. (BILZER et al., 1995; BILZER et al., 1996).

2.5 Epizootiologie

Die BD besitzt einen ausgesprochen endemischen Charakter und wurde früher auch als „Bodenseuche" bezeichnet (SCHMIDT, 1952). Aufgrund der langen Inkubationszeit und des langsamen Verlaufs wurde die Bornasche Krankheit den „slow virus diseases" zugeordnet (LUDWIG et al., 1973). Dieser pathogenetischen Zuordnung kann nach den Untersuchungen zur Immunpathogenese der BD durch ROTT nicht mehr entsprochen werden (ROTT et al., 1988). Als klassische Endemiegebiete der Bornaschen Krankheit gelten seit langer Zeit einige Regionen in Mittel- und Süddeutschland (Bayern, Baden-Württemberg, Sachsen, Sachsen-Anhalt, Thüringen und Hessen) sowie angrenzend ein eng umschriebenes Gebiet in der Ostschweiz (HEINIG, 1969; METZLER et al., 1976; DANNER, 1982; DÜRRWALD, 1993; HERZOG et al., 1994; DÜRRWALD und LUDWIG, 1997; CAPLAZI et al., 1999). Mittlerweile wird über natürliche Infektionen mit dem Borna Virus auch aus anderen Ländern und Gebieten Deutschlands berichtet. Fälle von Bornascher Krankheit wurden auch im angrenzenden österreichischen Vorarlberg und der Steiermark bestätigt (NOWOTNY et al., 1998; WEISSENBÖCK et al., 1998; SUCHY et al., 2000). LANGE et al., (1987) berichten von Ausbrüchen der Bornaschen Krankheit in Norddeutschland. DIECKHÖFER spricht von einem lokalen Infektionsgeschehen im Saarland sowie einer deutschlandweiten serologischen Untersuchung mit einer Infektionsprävalenz von über 50% (DIECKHÖFER et al., 2004; DIECKHÖFER, 2006). Im Weiteren haben mehrere

Autoren bei serologischen Untersuchungen in Regionen außerhalb Europas BDV-spezifische Antikörper gefunden, so z.B. im Iran (BAHMANI et al., 1996), China (HAGIWARA et al., 2001), Japan (NAKAMURA et al., 1995) und den USA (KAO et al., 1993). Diese Veröffentlichungen stehen im Kontrast zu dem bekannten, ausgesprochen endemischen Charakter der Bornaschen Krankheit und der großen Stabilität des BDV-Virusgenoms. Von einer Ausbreitung der Bornaschen Krankheit über die klassischen Endemiegebiete hinaus, ist auszugehen. Die Seroprävalenz der BDV-Infektion in den alten Bundesländern wird mit 11,5% (1057/9187) angegeben. Das konnten LANGE et al. (1987) und HERZOG (1998) in einer seroepidemiologischen Untersuchung an 9187 Pferdeseren aus den alten Bundesländern aufzeigen. In endemischen Gebieten konnte bei klinisch inapparenten Pferden eine Durchseuchungsrate von 22,4% (224/1000) ermittelt werden (KAILER, 1998). Außerdem wurde in Ställen mit mindestens einem Fall von BD eine Rate bis zu 56,8% (75/132) seropositiver Pferde erreicht (HERZOG et al., 1998). Daraus ergibt sich, dass angesichts der hohen Prävalenz Erkrankungen doch nur selten auftreten. Die Inzidenz der BD in Bayern wird mit jährlich 0,02-0,04% angegeben (GRABNER und HERZOG, 1999). Eine saisonale Rhythmik der Krankheitsausbrüche im Frühjahr und den frühen Sommermonaten (April, Mai, Juni) mit Abnahme zum Jahresende wurde allgemein beobachtet (ZWICK, 1939; HEINIG, 1969; WAGNER, 1970; GRABNER und FISCHER, 1991; DÜRRWALD, 1993). Eine jahreszeitliche Häufung der Krankheitsfälle gibt DIECKHÖFER im Gegensatz zu sämtlichen anderen Autoren, mit einer deutlichen Häufung der Erkrankungen in den warmen Sommermonaten an (DIECKHÖFER, 2006). Im Allgemeinen kann weder eine besondere Rassedisposition bei an BD erkrankten Pferden noch der Einfluss von Alter und Geschlecht im Zusammenhang mit dem Auftreten der Bornaschen Krankheit eindeutig angegeben werden. In einer statistischen Untersuchung von KAILER an 1000 Serumproben bei Pferden wurde keine signifikante Abhängigkeit der seropositiven Pferde vom Geschlecht festgestellt. Dagegen war der Anteil von an BD erkrankten Tieren bei den Stuten signifikant höher als bei den männlichen Pferden. In Bezug auf das Alter gibt KAILER einen geringfügig erhöhten Anteil von seropositiven Pferden in den

Altersgruppen der jungen Pferde (bis 4 Jahre) und der alten Pferde (über 20 Jahre) an. Bezüglich der Rassezugehörigkeit wurde eine deutlich erhöhte Seroprävalenz bei Ponies ermittelt (KAILER, 1998). Der akute Krankheitsverlauf der BD erstreckt sich in der Regel über 1-3 Wochen. Die Inkubationszeit natürlicher Fälle von Bornascher Krankheit ist jedoch nicht definitiv bekannt. Es wird eine Zeit von 2-6 Monaten angenommen (SCHMIDT, 1952; HEINIG, 1969; DANNER, 1982; GRABNER und FISCHER, 1991). Auch über die natürlichen Infektions- und Übertragungswege bei der BD gibt es noch keine genauen Erkenntnisse. In der Untersuchung von DONNER zur Feststellung der möglichen Virusausscheidung konnte in keiner der 824 untersuchten Tupferproben von Sekreten aus Speichel- und Tränendrüse klinisch apparent und inapparent infizierten Pferden Virus isoliert werden (DONNER, 1998). Neben der horizontalen Übertragung wurde auch die Möglichkeit einer vertikalen Übertragung des BDV untersucht. Die Ergebnisse von WERNER zeigen, dass eine vertikale Übertragung des BDV vom infizierten Muttertier auf das Fohlen sowohl beim klinisch inapparenten als auch apparenten Verlauf nicht vorkam und deshalb auch nicht wahrscheinlich ist (WERNER, 2000). Eine Übertragung durch blutsaugende Insekten konnte durch Untersuchungen von MATTHIAS nicht bestätigt werden (MATTHIAS, 1953). Eine weitere Möglichkeit der Infektion sehen einige Autoren in durch Kleinnager verunreinigtem Futter oder Wasser. HERZOG und MORALES isolierten aus Speichel, Tränensekret und Urin von neonatal infizierten Ratten infektiöses Virus und sehen in Nagern ein mögliches Virusreservoir (HERZOG et al., 1984; MORALES et al., 1988). Nach einer Untersuchung potenzieller Virusträger in einem endemischen Gebiet in der Schweiz sieht HILBE in einer besonderen Art von Spitzmäusen *Crocidura leucodon* ein mögliches Virusreservoir (HILBE et al., 2006).

2.6 Die natürliche BDV-Infektion des Pferdes

Die natürliche BDV-Infektion beim Pferd kann als Krankheit in perakuter, akuter bis subakuter, selten chronischer aber auch in klinisch inapparenter Form verlaufen (MATTHIAS, 1954; ROTT und BECHT, 1995; DÜRRWALD und LUDWIG, 1997). In über

90% der Fälle führt die akute bis subakute Meningoenzephalitis zum Tod. Bei weniger schwerem Verlauf der Erkrankung sind Spontanheilungen möglich, wobei hier eine bestehende persistierende Infektion angenommen wird. In 10% der Fälle nimmt die BD einen chronischen Verlauf mit Remission (ROTT und BECHT, 1995; GRABNER, 2002). Die klinischen Symptome beruhen auf dem Vorliegen einer nichteitrigen Meningoenzephalomyelitis. Die Leitsymptomatik der BD kann entsprechend ihrer neuroanatomischen Zuordnung in die fünf Symptomenkomplexe Störung des Verhaltens und Bewusstseins, Veränderungen des Bewegungsablaufs, Ausfälle der Kopfnerven und Krampfanfälle eingeteilt werden. Sie ist in ihrer klinischen Ausprägung abhängig vom Schweregrad der Entzündung sowie ihrer Lokalisation im ZNS (SCHMIDT, 1912; DANNER, 1978; 1982; GRABNER und FISCHER, 1991). Schwerpunkte der Infektion und Entzündung liegen in der Großhirnrinde sowie Stammhirnzentren wie Bulbus olfactorius, Nucleus caudatus und dem Ammonshorn (LUDWIG et al., 1985; BILZER et al., 1996). Am Anfang der akuten Erkrankung stehen zunächst unspezifische Anzeichen wie sistierende Futteraufnahme und kolikähnliche Erscheinungen. Die Krankheit äußert sich überwiegend in Depressionszuständen, Apathie, Somnolenz und Stupor. Der Beginn der Erkrankung ist gekennzeichnet durch Verhaltens- und Bewusstseinsstörungen, die sich im Verlaufe der Erkrankung zunehmend verstärken. Klinische Zeichen sind verlangsamte Futteraufnahme mit Pfeifenrauchen, Leerkauen, häufiges Gähnen, oder maniformes Vorwärtsdrängen. Außerdem wird wiederholtes Ausschachten des Penis ohne Harnabsatz, Manege- und Zwangsbewegungen sowie Veränderungen des mentalen Status, die sich in Lethargie, Somnolenz und Stupor aber auch Übererregbarkeit und Aggressivität äußern, beobachtet. Im weiteren Verlauf der Erkrankung fallen Störungen des Bewegungsablaufs, der Koordination und des Gleichgewichts auf. Aufgrund von Hirnnervenausfällen, die besonders während des akuten Verlaufs auftreten, und durch Entzündungen in deren Kerngebieten verursacht werden, kommt es zu Symptomen wie Schluckstörungen, Salivation, Bruxismus, verminderter Zungenspannung, Trismus, Fazialisparese, Nystagmus, Strabismus und Miosis. Im späten Stadium der Erkrankung wird häufiger eine neurogene Torticollis mit eventueller Torsionsdystonie sowie Kopfpressen beobachtet, die dann im Finalstadium der Erkrankung in komatöse Zustände übergehen können (DANNER, 1982; GRABNER und FISCHER, 1991; GRABNER, 2001). Unspezifische klinische Begleitsymptome sind oft ein Inanitionsikterus, der sich durch ikterische Schleimhäute aufgrund einer Hyperbilirubinämie äußert, sowie therapieresistentes Fieber in der Anfangsphase der Erkrankung.

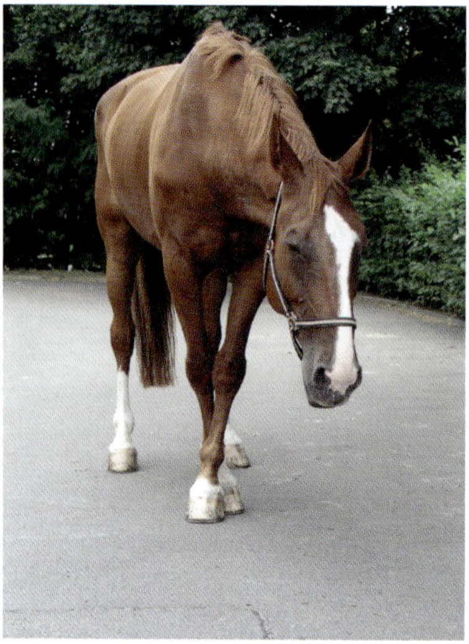

Abb.3

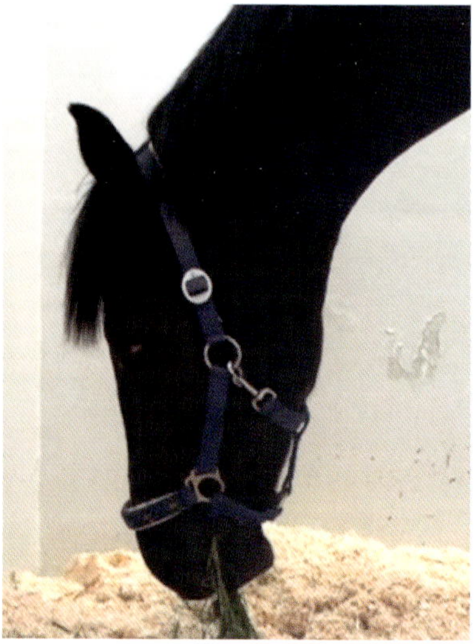

Abb.4

Abb.3: An BD erkranktes Pferd mit Störung der Propriozeption und tiefer Depression.

Abb.4: An BD erkranktes Pferd mit Depression, verlangsamter Futteraufnahme und Dysphagie "Pfeifenrauchen" sowie Ausfällen der Kopfnervenfunktionen und Nystagmus.

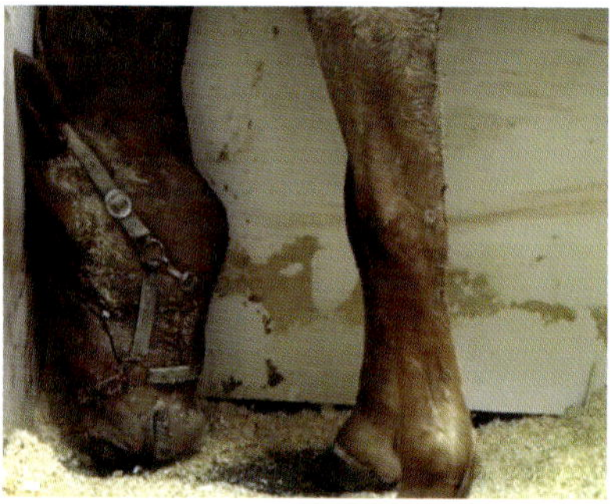

Abb.5

Abb.5: An BD erkranktes Pferd mit Rigor und Automutilation infolge entzündungsbedingter, erheblicher Druckerhöhung der CSF.

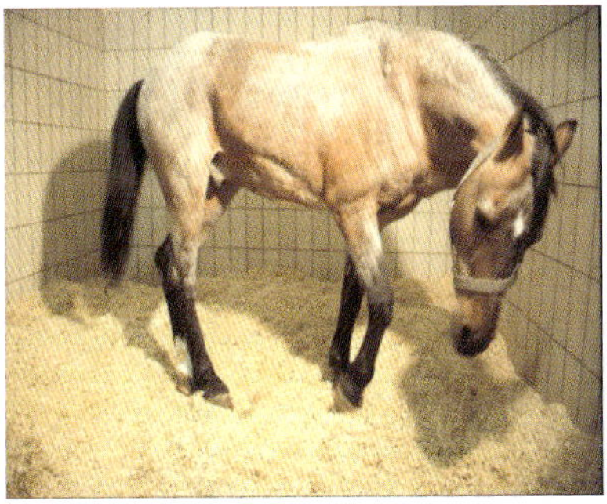

Abb. 6

Abb.6: An BD erkranktes Pferd mit Störung des Bewegungsablaufs in Form einer neurogenen Torticollis mit Kreisbewegung.

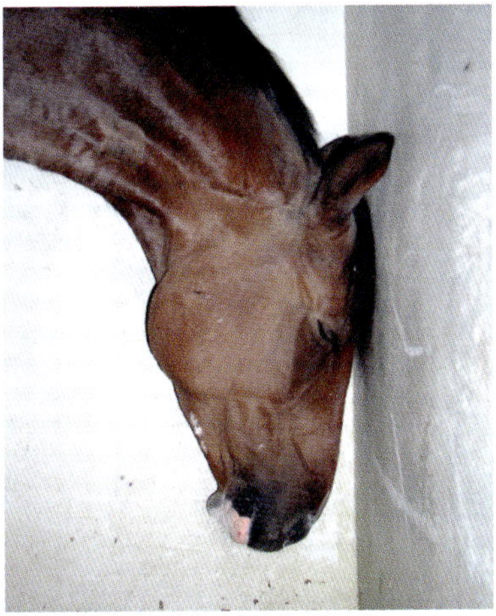

Abb. 7

Abb. 8

Abb.7: An BD erkranktes Pferd mit einer zwanghaften Verhaltensstörung in Form von Kopfpressen und tiefer Depression.

Abb.8: Differenzialdiagnose Bornasche Krankheit
Kopfpressen bei einem Camargue Pony mit akutem hepatoenzephalen Syndrom.

2.7 Diagnose

Für die Erforschung der Bornaschen Krankheit und ihre *post mortem* Diagnose waren die Befunde der histologischen Untersuchungen von DEXLER und von JOEST und DEEGEN von großer Bedeutung. Sie stellten fest, dass es sich bei der BK, um eine akute, disseminierte, infiltrative, nichteitrige Enzephalomyelitis von lymphozytärem Typ und vaskulärem Charakter handelt. In den Kernen der Ganglienzellen des Gehirns und Rückenmarks fanden sie eosinophile, intranukleäre Einschlußkörperchen (Joest-Degensche-Körperchen) (DEXLER, 1900; JOEST und DEGEN, 1909; 1911). Die *post mortem* Standarddiagnostik der BD erfolgt heute über die histopathologische Untersuchung des Gehirns sowie durch den Nachweis von BDV-Antigen mit Hilfe der Immunhistologie oder des Immunoblots (HERDEN et al., 1999). Das histopathologische Bild der Enzephalitis entspricht dem einer nichteitrigen Meningoenzephalitis mit ausgeprägten lymphozytären, perivaskulären und parenchymatösen Infiltraten überwiegend in den Bereichen der periventrikulären Thalamus-, Hypothalamus- und Okkulomotoriuskerne im Zwischen- und Mittelhirn. In einigen Fällen findet man eine reaktive Astrogliose, wobei die Joest-Degenschen-Einschlusskörperchen in Ganglienzellen und Astrozyten nicht immer zu finden sind (NARAYAN et al., 1983a; DESCHL et al., 1990; HERDEN et al., 1999). Für den Nachweis von BDV-Antigen im Gehirn mit Hilfe des monoklonalen Antikörpers Bo 18 in der Immunhistologie und mit dem Immunoblot konnte HERDEN in 100% der Fälle eine gesicherte Diagnose stellen (HERDEN et al., 1999). Über den Nachweis von virusspezifischer RNA mit der RT-PCR oder *in situ*-Hybridisierung sowie durch Virusisolierung in der Zellkultur kann die Diagnose BD an Gehirnmaterial gesichert werden. Abschließend kann festgestellt werden, dass nach allen bisherigen Untersuchungen während der akuten Phase der Bornaschen Krankheit beim Pferd immer Virus im Gehirn nachweisbar ist. Im Gegensatz dazu werden bei einer inapparenten BDV-Infektion, Antikörper gegen BDV ausschließlich im Serum und nie im Liquor nachgewiesen. Zudem kann auch bei einer inapparenten Infektion kein BDV aus dem Gehirn isoliert werden. Das konnte in mehreren Untersuchungen *post*

mortem an BDV-seropositiven Pferden mit immunhistologischen und virologischen Methoden bewiesen werden (HERDEN et al., 1999).
Die Symptomatik bei der BD weist eine unterschiedliche klinische Ausprägung auf und erlaubt *intra vitam* lediglich eine Verdachtsdiagnose. Deshalb sollte die Diagnose der akuten Bornaschen Krankheit beim Pferd *intra vitam* ausschließlich durch das gleichzeitige Vorkommen von Antikörpern gegen das Virus im Serum und der Cerebrospinalflüssigkeit, durch eine Serokonversion oder einen Anstieg des Titers um drei bis vier Titerstufen mit Hilfe des indirekten Immunfluoreszenztests gestellt werden (GRABNER et al., 2002). Eine weiterführende diagnostische Maßnahme ist die Untersuchung des Liquor cerebrospinalis (HIEPE, 1960; METZLER, 1977; LUDWIG et al., 1985; UHLIG A. und KINNE, 1998). Über die Liquorpunktion wird im Falle der Erkrankung eine nichteitrige Meningoenzephalitis festgestellt. Die Liquorbefunde bei allen akuten bis subakuten Fällen ergeben dabei eine erhöhte Zellzahl sowie im nach PAPPENHEIM gefärbten Objektträgerausstrich eine lymphomonozytäre Pleozytose. Außerdem erhält man eine positive PANDY-Reaktion auf Globuline sowie eine gering bis mäßig erhöhte Proteinkonzentration. Dagegen liegt bei der chronischen Verlaufsform der BD eine Enzephalitis bei normaler Zellzahl mit nur gering bis mäßig erhöhter Proteinkonzentration vor. Das CSF-Laktat ist bei allen Verlaufsformen oft deutlich erhöht. Dabei wird in allen Fällen von BD eine entzündungsbedingte Druckerhöhung bei der Punktion festgestellt (GRABNER und FISCHER, 1991). Für den Nachweis BDV-spezifischer Antikörper in Serum und Liquor hat sich der indirekte Immunfluoreszenztest (IIFT) als eine sehr sichere und sensitive Methode in der Diagnostik erwiesen (HERZOG et al., 1994; BILZER et al., 1996; KAILER, 1998). Nur in der perakuten Phase der Erkrankung sowie durch die Verwendung von Immunsuppressiva kann es zu negativen Ergebnissen kommen (GRABNER et al., 2002). Weitere Methoden für den Nachweis von Antikörpern sind die Komplementbindungsreaktion (VON SPROCKHOFF, 1954a; 1954b), der Neutralisationstest (DANNER et al., 1978), der Westernblot (THIEDEMANN et al., 1992), die Immunodiffussion (LUDWIG et al., 1973) und der Zell-ELISA (PAULI et al., 1984; PAULI et al., 1984). In einer Untersuchung von GRABNER und HERZOG wurden bei 113

Equiden mit BD die diagnostischen Möglichkeiten *intra vitam* aufgezeigt. Die Untersuchungen ergaben dabei eine Sensitivität des IIFT von 88% (86/98) und eine Spezifität von 100%. Negative Ergebnisse waren dabei ausschließlich auf perakute Krankheitsverläufe und eine Vorbehandlung mit Kortison zurückzuführen (GRABNER et al., 2002). Wegen seiner hohen Spezifität und Reproduzierbarkeit ist der IIFT die Methode der Wahl (METZLER, 1977; HERZOG und ROTT, 1980; DANNER, 1982; KAILER, 1998). Das bestätigten auch die Ergebnisse von FLUESS. In einer epidemiologischen Untersuchung von Seren verschiedener Tierspezies zum Nachweis BDV-spezifischer Antikörper wurden unterschiedliche serologische Verfahren im Vergleich getestet und Sensitivität und Spezifität des Nachweisverfahrens festgestellt. Dabei wurde der IIFT als die zuverlässigste Methode für den Nachweis von BDV-Antikörpern ermittelt (FLUESS, 2002). Neben dem indirekten Immunfluoreszenztest werden mehrere ELISA-Methoden, bei denen unterschiedliche Antigene zum Einsatz kommen, für die *intra vitam* Diagnostik benutzt. Mit einer speziellen ELISA-Technik dem BDV-Triple-Enzymimmunoassay, welcher nach einem Double-Sandwich-ELISA-Prinzip aufgebaut ist und in einer Berliner Arbeitsgruppe von BODE und LUDWIG entwickelt wurde, können nach Angaben der Berliner Forschergruppe in einer 10 ml Citratblutprobe im Blutplasma BDV-spezifische zirkulierende Immunkomplexe (CIC), BDV-spezifische Plasma-Antikörper (pAk) sowie BDV-spezifisches Plasma-Antigen (pAg) gemessen werden (BODE und LUDWIG, 2003; DIECKHÖFER, 2006). Über die Ergebnisse soll eine Beurteilung zur Aktivität und Alter der Infektion getroffen werden können. Außerdem isolierten die Berliner Forscher aus den PBMCs BD-Virus und weisen Zell-Antigen (cAg) und Nukleinsäure nach (BODE et al., 1994; NAKAMURA et al., 1996; BODE et al., 2001; DIECKHÖFER, 2006). Dabei treten oft sehr widersprüchliche Ergebnisse in den Laboruntersuchungen auf. Aus diesem Grund muss hier die Frage nach der Validität sowie Testspezifität der Methoden gestellt werden (WERNER, 2000; GRABNER et al., 2002; KONRATH, 2006; MÜLLER und KONRATH, 2006). WOLFF überprüfte die Zuverlässigkeit dieser Methode mit einer Immunaffinitätschromatographie sowie der RT-PCR und konnte die Ergebnisse des Triple-Enzymimmunoassay nicht bestätigen (WOLFF et al., 2006; WOLFF, 2006a;

2006b). Des Weiteren konnte in Untersuchungen gezeigt werden, dass der BDV-Triple-Enzymimmunoassay keine geeignete Methode für die *intra vitam* Diagnostik der Bornaschen Krankheit darstellt und unterstreicht die dringende Notwendigkeit einer vergleichenden Validitätsstudie, um die Sensitivität der Methode festzustellen (HERZOG et al., 2008).

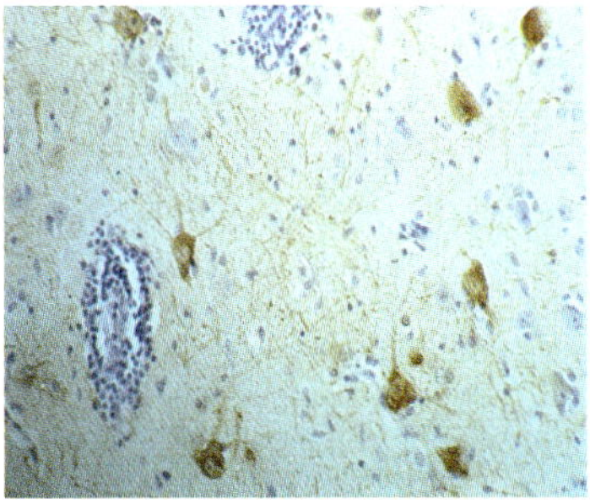

Abb.9a

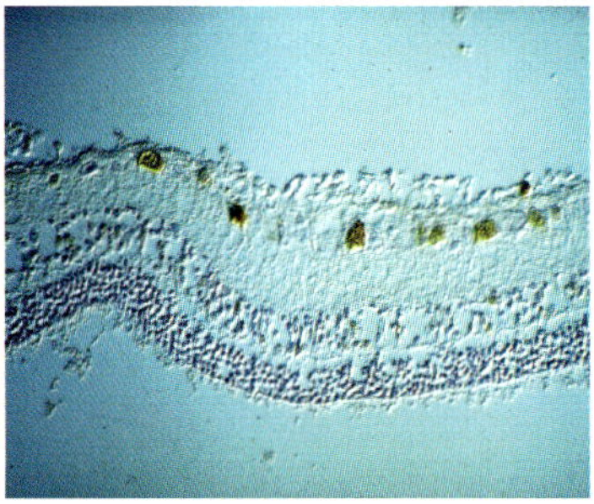

Abb.9b

Abb.9 a-b: Immunhistologischer Nachweis von BDV-spezifischem Antigen in der Großhirnrinde *(a)* und Retina *(b)* eines an BD erkrankten Pferdes mit dem monoklonalen Antikörper Bo 18, der gegen ein Epitop des p 38/39 gerichtet ist.

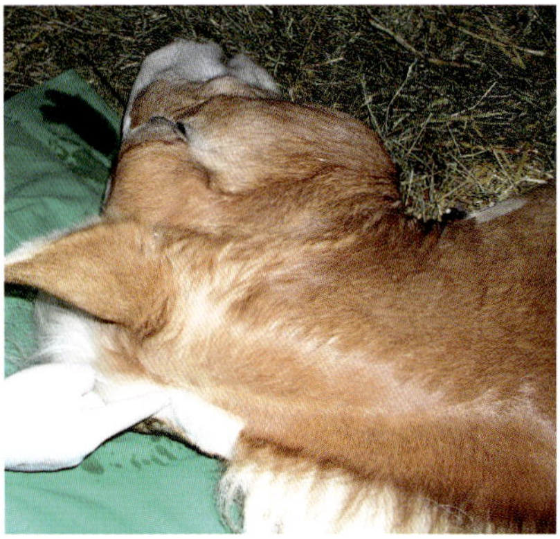

Abb. 10a

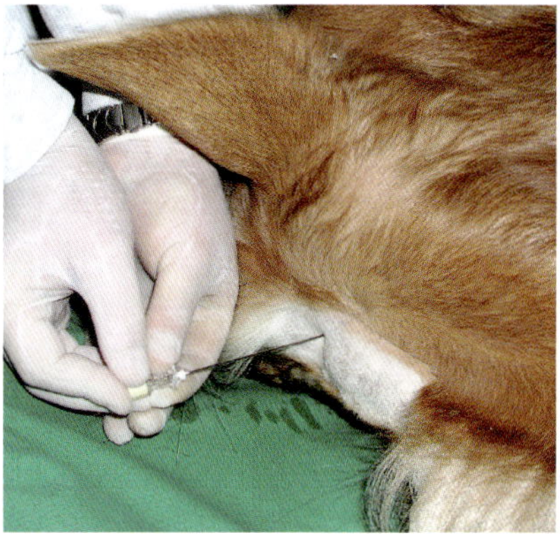

Abb. 10b

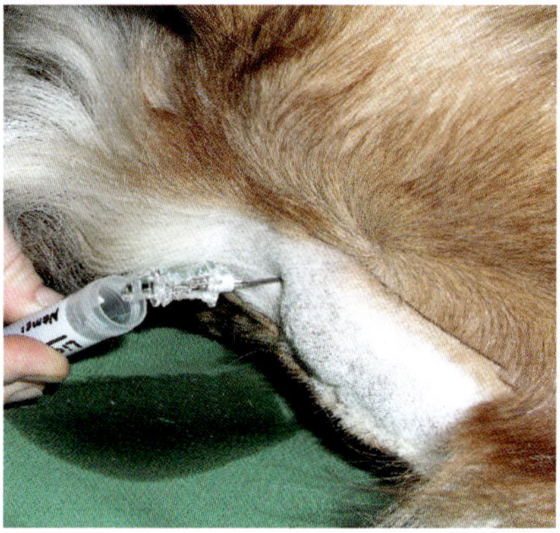

Abb. 10c

Abb.10 a-c: Gewinnung von CSF mittels Okzipitalpunktion.

Die Punktion erfolgt mit einer TUOHY-Kanüle am kranialen Rand der Alae atlantis senkrecht zur Längsachse der Halswirbelsäule.

2.8 Differenzialdiagnose

Differenzialdiagnostisch sind bei der Bornaschen Krankheit andere primäre Erkrankungen des ZNS viraler, bakterieller oder parasitärer Genese zu nennen. Aber auch durch metabolische Entgleisungen des Stoffwechsels, Traumata, degenerative Prozesse sowie durch Neoplasien verursachte ZNS-Störungen sollten beachtet werden. Differenzialdiagnostisch zu untersuchende Enzephalitiden viralen Ursprungs sind die Equine Herpes-Myeloenzephalopathie, verursacht durch equine Herpesviren sowie die Tollwut und die Frühsommer-Meningoenzephalitis (FSME). Die klinische Symptomatik der Equinen Herpesmyelitis ist gekennzeichnet durch Motilitätsstörung sowie Spinalnervenschädigungen bei häufig ungestörter Futteraufnahme. Die Untersuchung des Liquor cerebrospinalis bei der Herpesinfektion ergibt eine Xanthochromie sowie einen erhöhten Proteingehalt bei geringer Zellzahl. Das Auftreten der Tollwut beim Pferd ist in Europa sehr selten geworden. Die Krankheit äußert sich klinisch meist mit Fieber. Ein weiterer wichtiger diagnostischer Hinweis sind Automutilationen im Bereich der Vorderextremität und vegetative Störungen. Erkrankungen des ZNS bakteriellen Ursprungs können Botulismus oder eine bakterielle Meningitis mit Abszessbildung als Komplikation in Folge einer abgelaufenen Infektion mit *Streptococcus equi ssp. equi* sowie einer purulenten Sinusitis oder Alveolarperiostitis sein. Als nichtinfektiöse Ursachen müssen Stoffwechselstörungen, z.B. hepatogenen und nephrogenen Ursprungs untersucht werden. Beim hepatoenzephalen Syndrom wird eine deutlich erhöhte Konzentration von Ammoniak im Blutplasma festgestellt, die zu einer mit dem klinischen Bild der BD vergleichbaren Bewusstseinstrübung führt. Parasitär bedingte Entzündungen des ZNS können, z.B. auch durch den Erdnematoden *Halicephalobus deletrix* sowie durch wandernde somatische Larven von *Strongylus vulgaris* und die equine protozoäre Myeloenzephalitis (EPM) verursacht werden (WEIGAND und GRABNER, 1997; GRABNER et al., 2002).

2.9 Therapieansätze

Ist die Bornasche Krankheit beim Pferd therapierbar?
GOERTTLER publiziert Behandlungserfolge mit Sulfonamiden von an BD erkrankten Pferden, die nach heutigen Erkenntnissen über die virale Genese der Krankheit völlig an Bedeutung verloren haben (GOERTTLER und VÖHRINGER, 1954). Auch Berichte über Therapie und Heilung von erkrankten Pferden mit Hexamethylentetramin (Hexamin), sind als sehr kritisch im Hinblick auf eine gesicherte Diagnose zu bewerten. Ausgehend von der Klärung der Pathogenese, mit der Erkenntnis, dass die Bornasche Krankheit nicht durch das Virus selbst, sondern durch eine T-Zell-vermittelte Immunreaktion verursacht wird, ergaben sich neue mögliche Perspektiven in der Behandlung. So sah STITZ einen Therapieansatz bei der Bornaschen Krankheit, der sich durch Eingreifen in die ablaufende Immunreaktion ergeben könnte. Er behandelte BDV-infizierte Ratten mit dem Immunsuppressivum Cyclosporin A (CSA), monoklonalen Antikörpern gegen ausgewählte Zellen des Immunsystems und Immunmediatoren, die an den Zellinteraktionen bei immunologischen Reaktionen beteiligt sind und zeigte damit, dass diese Behandlungsformen erfolgreich sein können. Nach diesen Ergebnissen weist er auf den kritischen Einsatz von Immunmodulatoren zur Stimulierung des Immunsystems bei an BD erkrankten Tieren hin (STITZ, 1991). Allerdings wurde die Verwendung von Immunsuppressiva bei an BD erkrankten Pferden bis heute nicht näher untersucht. Eine antivirale Therapie mit Amantadinsulfat, welches in der Humanmedizin als Antidepressivum eingesetzt wird, wurde auch für das Pferd postuliert. Amantadin ist ein Antidepressivum, dem zusätzlich eine antivirale Wirkung gegen Influenza-A-Viren zugeschrieben wird. Die Wirkung von Amantadin bei der humanen BDV-Infektion wurde von (BODE et al., 1997) beschrieben. Diese Therapieform wird von verschiedenen Autoren kontrovers beurteilt. DIECKHÖFER gibt ein Therapieschema mit Amantadinsulfat an und publiziert einen Therapieerfolg von 78% bei angeblich an BD erkrankten Pferden (DIECKHÖFER et al., 2004; DIECKHÖFER, 2006). Diese Ergebnisse sollten jedoch sehr kritisch betrachtet werden. Sie setzen das Vorliegen

einer exakten *intra vitam* Diagnostik voraus, die nur über eine Untersuchung von Serum und Liquor cerebrospinalis in dem indirekten Immunfluoreszenztest sicher geführt werden kann. Nur auf dieser Basis sollte eine potentielle therapeutische Wirkung von Amantadinsulfat beurteilt werden (BINDER und GRABNER, 1999). Demzufolge sind auch die Ergebnisse von DIECKHÖFER als fraglich zu bewerten. Eine weitere therapeutische Strategie ist die Filtration von CSF über einen intrathekal in der Atlantookzipitalregion eingeführten 18-G-Epiduralkatheter, um zelluläre und lösliche Bestandteile, die am Entzündungsprozess beteiligt sind, zu entfernen. Klinische Erfahrungen mit sichtbarer Verbesserung der neurologischen Symptomatik liegen bisher bei zwei Pferden mit BD vor (GRABNER, 1999). Bis heute gibt es keine gesicherte Behandlungsmöglichkeit bei BD.

2.10 Tierseuchenrechtliche Bestimmungen

Die BD zählt heute in Deutschland zu den nach dem Tierseuchengesetz meldepflichtigen Krankheiten. Seit dem 06.02.1981 besteht für die BD beim Pferd eine Meldepflicht zur Registrierung der Krankheitsfälle im gesamten Bundesgebiet.
In Bayern gewährt die Bayerische Tierseuchenkasse für Tiere, die an einer meldepflichtigen Krankheit verendet sind, Beihilfe. Die Beihilfe ist eine freiwillige Leistung der Tierseuchenkasse in Bayern für Verluste durch Seuchen oder seuchenartige Infektionen und wird in der Leistungssatzung geregelt. Nach der Satzung über die Leistungen der Bayerischen Tierseuchenkasse vom 24. Oktober 2007, zuletzt geändert durch Satzung vom 6. Mai 2008, wird für Pferde, die an der Bornaschen Krankheit verendet sind oder getötet werden mussten, Beihilfe geleistet. Als Voraussetzung dafür müssen als Nachweis der Krankheitsursache ein pathologisch-anatomischer Befund durch Untersuchung des ganzen Tierkörpers und ein immunhistologischer oder virologischer Nachweis am Gehirn vorgenommen werden. Des Weiteren ist der Equidenpass (Original) vorzulegen. Eine Entschädigung erfolgt aus 50 % des reinen Schadens. Aufgrund der freiwilligen Entschädigung der Tierhalter durch die Bayerische Tierseuchenkasse in Fällen von

BD konnte eine umfassende Datensammlung erstellt werden, die als Grundlage für umfangreiche Auswertungen verwendet werden konnte.

3 Material und Methoden

3.1 Epizootiologische Methoden

3.1.1 Erfassung der Daten für die epizootiologische Untersuchung

Grundlage für die folgende Datensammlung bildeten Fälle von Bornascher Krankheit beim Pferd im Zeitraum 1988 – 2008 in Bayern. Diese wurden aus den Unterlagen der Bayerischen Tierseuchenkasse, Krankenakten der I. Medizinischen Tierklinik der Universität München, Angaben des Landesuntersuchungsamts Südbayern in Oberschleißheim, des Landesuntersuchungsamt Nordbayern in Erlangen/Nürnberg sowie dem Institut für Virologie der Justus-Liebig-Universität Gießen erhoben *(siehe Tabelle 1)*.

Tab. 1: Herkunft der erfassten Daten

Einrichtung	Herkunft	Erfasster Zeitraum
Bayerische Tierseuchenkasse	Statistische Auswertung der Verluste durch Bornasche Krankheit anhand der Beihilfen der Bayerischen Tierseuchenkasse nach zeitlichem und örtlichem Auftreten.	1989 – 1992
Bayerische Tierseuchenkasse	Anträge auf Beihilfe nach der Leistungssatzung bei Verlust eines an Bornascher Krankheit verendeten Pferdes	1994 – 2008
I. Medizinische Tierklinik der Universität München	Krankenakten	1990 – 1998
Landesuntersuchungsamt Südbayern in Oberschleißheim	Befunde und Untersuchungsanträge von eingesandtem Probenmaterial	1990 -2005
Landesuntersuchungsamt Nordbayern in Nürnberg/Erlangen	Befunde und Untersuchungsanträge von eingesandtem Probenmaterial	1990 – 2005
Institut für Virologie des Fachbereichs Veterinärmedizin der Justus-Liebig-Universität Gießen	Befunde der Untersuchungen von eingesandtem Probenmaterial	1990 – 2008

3.1.2 Kriterien für die Aufnahme in die Datensammlung

Bei der Auswahl des verwendeten Patientenmaterials wurde besonderen Wert auf die Erstellung der Diagnose „Bornasche Krankheit" gelegt. Dabei beruhen die erhobenen Daten nicht ausschließlich auf den Befunden der histologischen und immunhistologischen Untersuchung *post mortem*, sondern auch auf den Ergebnissen der *intra vitam* Diagnostik. In diesen Fällen kamen Proben von Serum und CSF zur Auswertung, die mit Hilfe der indirekten Immunfluoreszenz auf spezifische BDV-Antikörper untersucht worden waren. Es wurden die beschriebenen Fälle nach dem Krankheitsverlauf (perakut, akut, subakut, chronisch) und der serologischen Antwort des Immunsystems ausgewertet. Im Besonderen wurden nach infektionsmedizinischen Vorgaben die Krankheitsverläufe, eine Vorbehandlung mit immunsuppressiven Medikamenten sowie die Darstellung von Serokonversion und Titeranstiegen in Serum und CSF beachtet. So ist im perakuten Verlauf der BD (<2 Tage) gegebenenfalls ein Antikörpertiter in Serum- und/oder CSF nicht vorhanden. Akute (<14 Tage) und subakute (15-28 Tage) Verläufe weisen eine unterschiedliche Titerdynamik auf. In den wenigen chronischen Fällen (>28 Tage) kam es zu einem Anstieg im Titerverlauf und zum deutlichen Abfall der Zellzahlen in der CSF. Die Diagnosestellung *post mortem* basierte auf dem Nachweis von BDV-Antigen durch die immunhistologische Untersuchung von Gehirnmaterial mit dem monoklonalen Mausantikörper Bo 18. Im Weiteren wurden der Virusnachweis in Organmaterial (Gehirn, Sehnerv, Retina, CSF) mit Hilfe der PCR oder dem Immunoblot sowie die Ergebnisse der histologischen Untersuchung festgehalten. Bei allen histopathologischen Untersuchungen des Gehirns wird eine nichteitrige Enzephalitis mit den typischen ausgeprägten perivaskulären Lymphozyteninfiltraten nachgewiesen. In den wenigen Fällen des Fehlens einer histologischen oder immunhistologischen Untersuchung oder des Virusnachweises mittels Immunoblot/PCR wurde anhand der Symptomatik und den Ergebnissen aus der Untersuchung der BDV-infizierten Antikörper in Serum- und CSF die Diagnose

Bornasche Krankheit gestellt. Durch einzelne Befragung der behandelnden Tierärzte konnten so auch Fälle mit einer Spontanheilung identifiziert werden.

3.1.3 Auswertung der Daten nach epizootiologischen und diagnostischen Gesichtspunkten

Die gesammelten Daten wurden mit Hilfe einer in EXCEL erstellten Datenbank aufgelistet und nach Monat und Jahr der Erkrankung, Alter, Rasse, Geschlecht, Herkunftsort und Regierungsbezirk in Bayern gegliedert. Des Weiteren wurden die Ergebnisse der Diagnostik in die Datensammlung aufgenommen. Es wurde eine Gliederung nach Art des untersuchten Probenmaterials (Serum, CSF, Retina, Sehnerv, Gehirn), der entsprechenden Untersuchungsmethode (IIFT, Immunoblot, PCR, Immunhistologie, Histologie), Besonderheiten im Krankheitsverlauf (Spontanheilung, perakuten Krankheitsfällen) und der serologischen Untersuchung im Verlauf der Erkrankung (Titeranstieg in Serum/CSF, Serokonversion) vorgenommen. Die Datenbank bildete im Folgenden die Grundlage für die statistische Auswertung und die graphische Darstellung in EXCEL und einer Übersichtskarte von Bayern Maßstab (1:500 000, Verwaltungsgrenzen, Stand 01.01.2003).

3.1.4 Einteilung der an Bornascher Krankheit erkrankten Pferde

3.1.4.1 Rassezugehörigkeit

Die ausgewerteten Fälle von an Bornascher Krankheit erkrankten Pferden wurden in folgende Rassegruppen eingeteilt:

Tab.2: Zuordnung der verschiedenen Rassen in Gruppen

Gruppe	Rasse	Rasse/Detail	Anzahl
Gruppe 1	Warmblutpferd	Bayerisches Warmblut, Hannoveraner, Holsteiner, Holländisches Warmblut, Oldenburger, Trakehner, Ungarisches Warmblut, Westfälisches Warmblut, Württemberger	186
Gruppe 2	Ponies	Shetland Pony, Fjord Pferd, Isländer, Welsh Pony, Deutsches Reitpony,	57
Gruppe 3	Traber		25
Gruppe 4	Haflinger		54
Gruppe 5	Kaltblutpferd		16
Gruppe 6	Vollblut	Arabisches Vollblut, Halbblut, Achal Tekkiner	22
Gruppe 7	Westernpferde	Quarter Horse, Paint Horse, Appaloosa	27
Gruppe 8	Sonstige	Friese, Tinker, Sorraia, Andalusier, Creollo, Pinto, Lippizaner, Tori, Lusitano, Tersker, Esel, Zwergmaultier	34
Gruppe 9	Unbekannt		30

3.1.4.2 Alter

Zur Auswertung kamen 451 Pferde mit BD, die nach ihrem Alter in Gruppen eingeteilt wurden. Eine Einteilung in Altersgruppen von 3 Lebensjahren wurde für die statistische Auswertung vorgenommen *(siehe Tabelle 3)*.

Tab.3: Altersverteilung in Jahren

Alter	1	2	3	4	5	6	7	8	9	10
Anzahl	16	26	25	37	22	26	22	39	37	30
Alter	11	12	13	14	15	16	17	18	19	20
Anzahl	25	20	20	15	19	12	8	2	6	6
Alter	21	22	23	24	25	26	27	28	29	30
Anzahl	3	3	-	-	3	1	-	1	-	1

Bei 26 Pferden blieb das Alter unbekannt.

3.1.4.3 Geschlecht

Zur Auswertung kamen 451 erkrankte Pferde. Diese unterteilten sich in 242 Stuten, 160 Wallache und 39 Hengste. Bei 10 Pferden blieb das Geschlecht unbekannt.

3.1.4.4 Herkunft

Eine Einteilung nach räumlich-geographischen Gesichtspunkten wurde vorgenommen, um Verschiebungen der Endemiegebiete im untersuchten Zeitraum in Bayern zu untersuchen. Das Bundesland Bayern wurde dafür in die 7 Regierungsbezirke Oberbayern, Schwaben, Oberpfalz, Niederbayern, Mittelfranken, Oberfranken und Unterfranken und 71 Landkreise und 25 kreisfreie Städte unterteilt und in einer Übersichtskarte von Bayern im Maßstab 1:500 000 mit Verwaltungsgrenzen, Stand 01.01.2003 dargestellt.

3.1.5 Darstellung der serologischen Untersuchungen und Besonderheiten im Krankheitsverlauf

Der Infektionsverlauf kann die Diagnosestellung erheblich erschweren. Deshalb sollte die Beurteilung der Ergebnisse aus der serologischen Diagnostik besondere Beachtung finden. Veränderungen des Antikörpertiters *(siehe Tabelle 4)* und Besonderheiten im Krankheitsverlauf *(siehe Tabelle 5)* wurden in die Auswertung aufgenommen. Die Seroprävalenz der BDV-Infektion wird in den alten Bundesländern mit 11,5 % angegeben (HERZOG et al., 1994). Zur Diagnosefindung ist ein einmaliger Antikörpernachweis nicht ausreichend. Nur ein Titeranstieg innerhalb von 10-14 Tagen oder eine Serokonversion kann als Hinweis auf eine akute Infektion angesehen werden. Als Titeranstieg sind die Fälle zu werten, bei denen eine Erhöhung des Antikörpertiters um mindestens drei bis vier Titerstufen stattgefunden hat. Sind zudem Zeichen der Krankheit vorhanden, liegt eine BD vor. Bei 47/264 seropositiven Krankheitsfällen wurde ein Titeranstieg im Serum, in 5/176 Fällen ein Titeranstieg in der CSF und bei 33/264 Fällen eine Serokonversion im Verlauf der Erkrankung aufgezeigt.

Eine Serokonversion liegt vor wenn bei einem Erstserum der Antikörpertiter <1:5 und bei einem Zweitserum >1:20 beträgt. Auch der zeitliche Verlauf der BD kann sehr unterschiedlich sein. Dabei werden sehr schnell auftretende, tödlich verlaufende perakute Erkrankungen (n=16/451), die in einem Zeitraum von 48 Stunden ablaufen, von akuten bis subakuten Fällen (n=420/451) mit einem Verlauf bis zu 28 Tagen unterschieden. Des Weiteren kamen Spontanheilungen (n=13/451) zur Auswertung. Als Spontanheilung wird eine plötzlich eintretende Besserung des Krankheitsgeschehens mit völliger Wiederherstellung bezeichnet. In 2 Fällen kam es zu einer Spontanheilung, wobei eine völlige Wiederherstellung nicht erfolgte. Eine Vorbehandlung mit Kortikosteroiden wurden nur in (n= 5/451) Fällen bekannt. Diese veränderte den Krankheitsverlauf nicht.

Tab.4: Reaktion des Immunsystems im Verlauf der Infektion

Antikörpernachweis	Anzahl
Titeranstieg Serum	47
Titeranstieg CSF	5
Serokonversion Serum	33
Serokonversion CSF	2

Tab.5: Krankheitsverlauf der BD

Besonderheiten im Krankheitsverlauf	Anzahl
Spontanheilung	15
perakuter Krankheitsverlauf	16
Spontanheilung mit chronischer Verlaufsform	2
Vorbehandlung mit Kortikosteroiden	5

3.2 Virologische Methoden

3.2.1 Material

3.2.1.1 Chemikalien

Tab.6: Chemikalien

Chemikalien	Hersteller
Acrylamidstammlösung (Rotiphorese®Gel30)	Roth, Karlsruhe
Aminocapronsäure	Roth, Karlsruhe
Ammoniumpersulfat (APS)	Merck, Darmstadt
4-Chloro-1-Naphtol	Bio-Rad, München
Ethylendiamintetraessigsäure (EDTA)	Roth, Karlsruhe
Foetales Rinder/Kälberserum	PAA
L-Glutamin	Invitrogen, Karlsruhe
Glycin	Roth, Karlsruhe
Glycerin	Roth, Karlsruhe
Kaliumchlorid (KCl)	Roth, Karlsruhe
Kaliumdihydrogenphosphat (KH_2PO_4)	Roth, Karlsruhe
Magermilchpulver	Roth, Karlsruhe
Methanol (CH_3OH)	Merck, Darmstadt
Natriumchlorid (NaCl)	Roth, Karlsruhe
Natriumdodecylsulfat (SDS)	Roth, Karlsruhe
Di-Natriumhydrogenphosphat-2-hydrat($Na_2HPO_42H_2O$)	Roth, Karlsruhe
Neomycin	Sigma/Aldrich, Deisenhofen
Proteinsäule: HITRAP Protein 6 HP 1ml	GE Health-Care, Uppsala
Salzsäure (HCl)	Roth, Karlsruhe
Tetramethylethylendiamin (TEMED)	Roth, Karlsruhe

Tris	Roth, Karlsruhe
Tween-20 (Tween®20)	Serva, Heidelberg
Wasserstoffperoxid (H_2O_2, 30%)	Merck, Darmstadt

3.2.1.2 Biologische Materialien

Tab.7a: Zellen

Material	Bemerkung
persistent infizierte Zellkulturen	Gewebekulturflaschen mit MDCK-Zellen die zu ca.90% mit dem BDV (Isolat Pferd H1766) infiziert sind (BDV-MDCK-Zellen H1766)
nicht infizierte Zellkulturen	Gewebekulturflaschen mit nicht infizierten MDCK-Zellen

Tab.7b: Antikörper

Material	Bemerkung
Antiseren Ratte	negative Kontrollseren positive Kontrollseren von experimentell BDV-infizierten Ratten
monoklonaler Mausantikörper	Bo 18 (erkennt das 38/39 kDa BDV-Protein)
Zweitantikörper	Ziege-anti-Maus IgG (H+L) Biotin-SP-Konjugat
Detektionsreagenz	Streptavidin-konjugierte Peroxidase
Proteinmarker	Biotinylated SDS-PAGE Standards, low range (BioRad)

3.2.1.3 Medien und Puffer

Tab.8: Medien und Puffer

Material	Bemerkung
Zellkulturmedium	(Glasgow MEM BHK-21)
L-Glutamin 200 mM	(100X) 5 ml / 500 ml
Neomycin-Lösung	10 mg / ml
FKS/FBS	Foetales Rinder/Kälber Serum
Versen-Puffer	0.02 % (w/v) 0.2 g EDTA (Titrierkomplex III) 8.0 g NaCl 0.2 g KCl 1.15 g Na_2HPO_4 $2H_2O$ 0.02 g KH_2PO_4
Trypsin	2.5%
Versen-Trypsin	0.05% Trypsin in Versen-Puffer
PBS (Phosphate Buffered Saline, ph 7.2 ohne Ca^{++} und Mg^{++})	80.0 g NaCl 14.4 g Na_2HPO_4 2.0 KCl 2.8 g KH_2PO_4
Waschpuffer PBS/Tween	PBS mit 0.05% Tween®20
Probenpuffer	Roti®Load (4x-konzentriert) Roth, Karlsruhe
Acrylamidstammlösung	Rotiphorese®Gel30 Roth, Karlsruhe
Upper Gel Solution	6.06 g Tris 4.00 ml 10% SDS-Lösung auf 100 ml mit Aqua bidest. (ph 6.8 mit 2 N HCl eingestellt)
Lower Gel Solution	18.17 g Tris 4.00 ml 10% SDS-Lösung

	auf 100 ml mit Aqua bidest. (ph 8.8 mit 2 N HCl eingestellt)
Ammoniumpersulfatlösung	10% Lösung
TEMED	99% für Elektrophorese
12,5% Trenngel	10.00 ml Aqua bidest. 7.5 ml Lower Gel Solution 12.50 ml Acrylamidstammlösung 100 µl 10% Ammoniumpersulfat 10 µl TEMED
Sammelgel	5.00 ml Aqua bidest. 2.50 ml Upper Gel Solution 1.00 ml Acrylamidstammlösung 100 µl 10% Ammoniumpersulfat 50 µl TEMED
Laufpuffer (5x)	15.15 g Tris 72.05 g Glycin 5.00 g SDS in 1 l Aqua bidest. gelöst
Anodenpuffer I	300 ml 1 M Tris 500 ml Aqua bidest. 200 ml Methanol
Anodenpuffer II	25 ml 1 M Tris 770 ml Aqua bidest. 200 ml Methanol
Kathodenpuffer	25 ml 1 M Tris 770 ml Aqua bidest. 200 ml Methanol 5.25 g 6-Aminohexansäure
Substratlösung	25 ml PBS def. 5.0 ml 0.3% 4-Chloro-1-Naphtol in Methanol 10 µl H_2O_2

3.2.1.4 Sonstige Materialien

Tab. 9: Sonstige Materialien

Material	Hersteller
Elektrophorese Powersupply	Biotech-Fischer GmbH, Reiskirchen
Eppendorfreaktionsgefäße (1.5 ml)	Eppendorf, Hamburg
Gewebekulturflaschen (250 ml)	Greiner bio-one, Frickenhausen
Lichtmikroskop (Umkehrmikroskop)	Leitz, Wetzlar
Membran (Immobilon-P)	Millipore, Eschborn
Mini-Protean II Gelapparatur	BioRad, München
Papierzuschnitte (13.5 x 18.5)	Schleicher & Schüll, Dassel
Schüttelgerät	Adolf Kühner AG, Basel
Semi-Dry-Blotter	Eigenbau
Sicherheitswerkbank (Herasafe, Klasse II)	Heraeus, Hanau
Ultraschall-Desintegrator	Branson, USA
Zellkulturinkubator (BB16: 5% CO_2, befeuchtet)	Heraeus, Hanau

Außerdem wurden an Verbrauchsmaterialien Glaspipetten, Einkanalpipetten und Pipettenspitzen verwendet.

3.2.2 Methode zur Untersuchung des monoklonalen Antikörpers 38/15H7

Zur Untersuchung des monoklonalen Antikörpers 38/15H7 wurden 100 Proben unterschiedlichen Organmaterials (Gehirn/Retina) von an Bornascher Krankheit verendeten Pferden verwendet. Das Untersuchungsmaterial wurde mit Hilfe des Westernblots getestet. Der Westernblot ist eine qualitative Nachweismethode, die sich zur Bestimmung von Antikörpern und Antigenen eignet. Das verwendete Probenmaterial wurde in der Westernblot-Analyse mit dem monoklonalen Antikörper Bo 18, der ein Epitop auf dem 38/39 kDa Nukleoprotein erkennt, positiv getestet. Das Prinzip der Untersuchungsmethode ist die Auftrennung der Virusproteine der zu untersuchenden Organprobe mit Hilfe der SDS-Polyacrylamid Gelelektrophorese (PAGE) nach (LÄMMLI, 1970). Danach werden die aufgetrennten Virusproteine aus der Gelmatrix auf eine Membran übertragen. In einem ersten Inkubationsschritt mit einem polyklonalen Rattenserum oder einem monoklonalen Antikörper findet eine Antikörper-Antigen-Reaktion statt. In einem zweiten Inkubationsschritt bindet der anti-Spezies-Antikörper, der biotinyliert ist, an den ersten Antikörper. Diese Reaktion wird anschließend durch die Inkubation mit Streptavidin-gekoppelter Peroxidase und durch Zugabe einer Substratlösung sichtbar gemacht.

3.2.3 Herstellung des monoklonalen Antikörpers 38/15H7

Die Hybridomzellen wurden freundlicherweise von Herrn Prof. Dr. L. Stitz, Bundesforschungsanstalt für Viruskrankheiten der Tiere, Tübingen zur Verfügung gestellt.
Zuerst wurden stabile Hybridomzellen in GMEM+10% FKS, 2 mM L-Glutamin und 100 U/ml Neomycin kultiviert. Zur Antikörper-Herstellung wurden 10^8 Zellen in 175 cm^2 Flasche umgesetzt und mit frischem Medium (GMEM ohne FKS) auf 250 ml aufgefüllt. Danach erfolgte eine Kultivierung der Zellen über ihre exponentielle Wachstumsphase hinaus, bis ungefähr 30-50% der Zellen zugrunde gehen. Der

Überstand, in dem sich die Antikörper befanden, wurde über 20 Minuten bei 6000 rpm zentrifugiert und bis zur weiteren Verwendung bei -20°C gelagert.

3.2.4 Reinigung des monoklonalen Antikörpers

Der bei -20°C gelagerte Zellkulturüberstand wurde nach dem Auftauen über einen Papierfilter filtriert, um Zelldetritus entfernen zu können. Anschließend wurden 250 ml des Überstandes mit einer Flussgeschwindigkeit von 1.0 ml/min über eine Protein G-Säule gegeben. Die Flussgeschwindigkeit wurde durch eine mit der Säule in Verbindung stehende Peristaltikpumpe bestimmt. Danach wurde die Säule mit 10 ml 50 mM Tris Puffer (ph 8.0) gespült. Die Antikörper konnten durch 10 ml 0.1 M Glycinpuffer (ph 2.5), der über die Säule gegeben wurde, eluiert werden. Das Eluat wurde in zehn getrennten Fraktionen aufgefangen und sofort neutralisiert. Zum Auffangen der einzelnen Fraktionen wurden 50 µl 1M Tris (ph 8.0) vorgelegt. Die Fraktionen, in welchen sich die Antikörper befanden, wurden fluoreszenz-mikroskopisch ermittelt, gepolt und gegen PBS dialysiert. Der Titer des aufgereinigten monoklonalen Antikörper 38/15H7 betrug 1:10 000. Bis zur weiteren Verwendung wurde der Antikörper bei -20°C gelagert.

3.2.5 Westernblot-Analyse

3.2.5.1 Aufbereitung der Organproben

Mittels Ultraschall wurden die zu untersuchenden Organe zu einer 10 %igen Organsuspension aufgeschlossen.

3.2.5.2 SDS-Polyacrylamid Gelelektrophorese nach LÄMMLI

Unter dem Prinzip der Gelelektrophorese wird die Wanderung von geladenen Proteinen in flüssigem Medium unter einem elektrischen Spannungsfeld verstanden. In der Gelelektrophorese werden die zu untersuchenden Proben in Probenpuffer, der

SDS enthält, durch Hitze denaturiert. Dabei wird die Tertiärstruktur der Proteine aufgehoben. Die Proteine werden linearisiert und erhalten durch die Anlagerung von SDS eine Negativladung. Aufgrund der negativen Ladung wandern alle Proteine zum positiven Pol und ihre Wanderungsgeschwindigkeit im Gel ist dabei proportional zum Logarithmus ihres Molekulargewichtes. Die Gele wurden in Gelkammern, von je zwei Glasplatten aus flüssigem Trenngelgemisch gegossen. Die Kammern wurden zu je zwei Dritteln mit dem Trenngel gefüllt und danach mit Aqua bidest. überschichtet. Die Polymerisierung erfolgte innerhalb zwei Stunden bei Raumtemperatur. Danach wurde das Aqua bidest. abgegossen, die Sammelgellösung auf das Trenngel gegeben und ein Kamm für entsprechende Aussparungen im Sammelgel eingesetzt. Die Polymerisierung erfolgt für weitere 15 Minuten. Anschließend wurde die gesamte Gelkonstruktion in eine Kammer gestellt und mit Laufpuffer befüllt. Die zu untersuchenden Organsuspensionen wurden mit Probenpuffer versetzt und für 5 Minuten bei 95°C denaturiert. Als Kontrollen dienten Zellkulturproben von BDV-MDCK-Zellen und MDCK-Zellen. In die mit Puffer ausgespülten Aussparungen im Sammelgel wurden 10 µl der Proben gegeben und anschließend zunächst bei 50 V aufgetrennt. Erreichte die Lauffront das Trenngel, wurde weiter bei 150 V aufgetrennt, bis die Lauffront den unteren Rand des Trenngels erreicht hatte.

3.2.5.3 Transfer der Proteine von der Gelmatrix auf die Membran

Eine entsprechend zugeschnittene Membran wurde für 1 Minute mit Methanol (100%) aktiviert und anschließend 3-mal für 10 Minuten in Aqua bidest. gewaschen. Danach wurde die Transferkammer vorbereitet. Auf den positiven Pol der Transferkammer wurden zuerst sechs Filterpapierblätter, die mit Anodenpuffer I getränkt waren, darauf drei Filterpapierblätter, die mit Anodenpuffer II getränkt waren gelegt. Darauf wurden die Membran und darüber das Acrylamidgel blasenfrei gelegt. Zum Schluss wurden neun mit Kathodenpuffer getränkte Filterpapierblätter über dem Acrylamidgel platziert und die Transferkammer geschlossen. Der Transfer erfolgte für 90 Minuten bei 0.8 mA/cm^2.

3.2.5.4 Westernblot

Nach dem Transfer wurde die Membran dreimal für 10 Minuten in PBS/Tween-20 auf dem Schüttler gewaschen und anschließend mit 5 % Milchpulver in PBS/Tween-20 abgesättigt, um unspezifische Bindungsstellen zu besetzen. Nach dem Absättigen wurde die Membran 3-mal für 10 Minuten mit PBS/Tween-20 gewaschen. Anschließend folgte die Inkubation mit dem monoklonalen Antikörper 35/18H7 (1:200 in PBS/Tween-20 verdünnt) auf dem Schüttler für 2 Stunden. Danach wurde die Membran erneut 3-mal gewaschen und mit dem biotinyliertem Ziege-anti-Maus Antikörper (1:2500 in PBS/Tween-20) inkubiert. Nach gründlichem Waschen mit PBS/Tween-20 wurde das Streptavidin-Meerettich-HRPO-Konjugat (1:2500 in PBS/Tween-20) für 30 Minuten auf der Membran inkubiert. Anschließend wurde nach 3-maligem waschen mit PBS/Tween-20 für 30 Minuten und 2-maligem waschen mit PBS für 20 Minuten durch die Zugabe des Substrats (4-Chloro-1-Naphtol) in PBS sowie von H_2O_2 die Farbreaktion ausgelöst. Die Reaktion wurde durch Zugabe von Wasser nach 5-10 Minuten gestoppt. Alle Inkubationsschritte wurden bei Raumtemperatur durchgeführt. Die Auswertung erfolgte mit dem bloßen Auge durch die Beurteilung der positiven Reaktion, die sich auf der Membran als eine braune Bande darstellte.

4 Ergebnisse

4.1 Altersverteilung

Fälle von Bornascher Krankheit (n=451) wurden über einen Zeitraum von 18 Jahren nach ihrem Alter ausgewertet. Bei 26 Pferden blieb das Alter unbekannt. Für die Auswertung wurde eine Einteilung der erkrankten Pferde in Gruppen zu je drei Lebensjahren vorgenommen. Nach dieser Einteilung war der Anteil der BD-Fälle in der Gruppe der 7 bis 9-jährigen mit 23.1% am höchsten. Insgesamt kann festgestellt werden, dass in den ersten 3 Gruppen der jungen Pferde (1 bis 3-jährig, 4 bis 6-jährig, 7 bis 9-jährig) der Anteil an erkrankten Pferden deutlich höher liegt, als bei den älteren Pferden. Mit steigendem Alter in der Gruppe der 10 bis 12-jährigen geht die Anzahl der Erkrankungen zurück. Am geringsten war der Anteil der Erkrankungen mit 2.1% in der Gruppe der über 21 Jahre alten Pferde. Eine Übersicht geben *Tabelle 10* und *Abbildung 11*.

Tab. 10: Altersverteilung

Altersgruppe	Anzahl	Prozent in %
1 bis 3-jährigen	67	15.8
4 bis 6-jährigen	85	20.0
7 bis 9-jährigen	98	23.1
10 bis 12-jährigen	75	17.6
13 bis 15-jährigen	54	12.7
16 bis 18-jährigen	22	5.2
19 bis 21-jährigen	15	3.5
über 21 Jahre	9	2.1

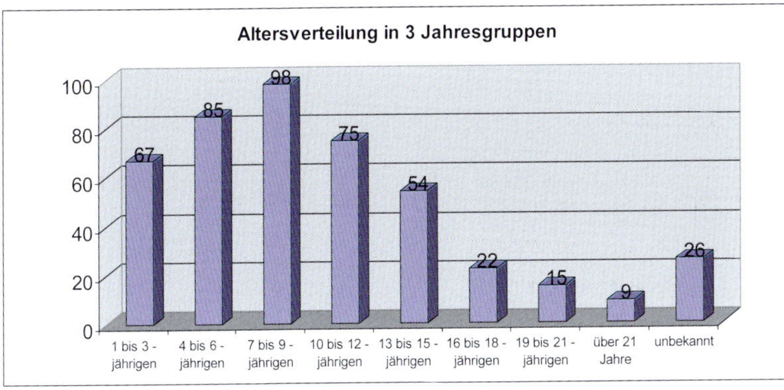

Abb.11: Grafische Darstellung der Altersverteilung

4.2 Geschlechtsverteilung

Von den 451 BD-Fällen die nach ihrem Geschlecht ausgewertet wurden, blieb in 10 Fällen das Geschlecht unbekannt. In n=441 Fällen war die Geschlechtszugehörigkeit bekannt. In 54.9% der BD-Fälle wurden Stuten ermittelt (n=242). Der Anteil der männlichen Pferde betrug 45.1% (n=199) und verteilte sich auf Wallache mit 36.3% (n=160) sowie Hengste mit 8.8% (n=39). In *Abbildung 12* und *Tabelle 11* ist die Geschlechtsverteilung dargestellt.

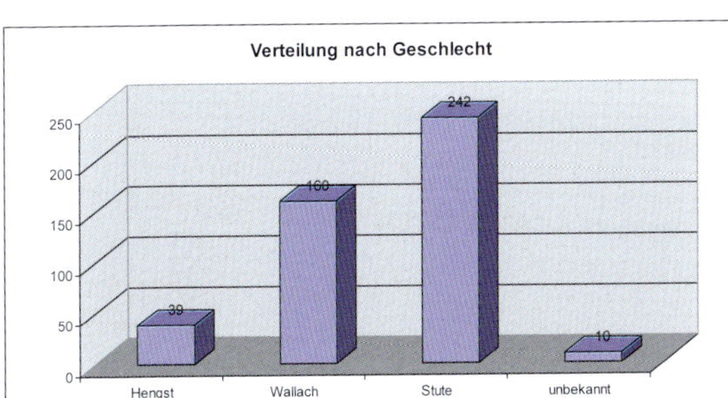

Abb. 12: Grafische Darstellung der Geschlechtsverteilung

Rasse	BD Fälle gesamt	BD Fälle weiblich
Warmblut	186	96
Pony	57	36
Haflinger	54	33
Kaltblut	16	10

Tab. 11: Anzahl der erkrankten Stuten der Rassen Warmblut, Pony, Haflinger, Kaltblut

4.3 Rasseverteilung

In der Datensammlung wurden die an BD erkrankten Pferde (n=451) ihrer Rasse nach ausgewertet.
Eine Übersicht geben *Tabelle 11* und die *Abbildungen 13 a-b* dargestellt.
Bei n=30 Pferden blieb die Rasse unbekannt
Der Anteil an Warmblutpferden (Gruppe 1) war mit 44.6% am höchsten, gefolgt von 14 % Ponys (Gruppe 2) und 12.9% Haflingern (Gruppe 4). In der Gruppe der Warmblutpferde wurde ein erhöhter Anteil an Bayerischen Warmblutpferden mit 19.2% ermittelt. Eine geringere Krankheitshäufigkeit an BD konnten in Gruppe 5 der Kaltblüter (3.8%), Gruppe 6 der Vollblüter (4.8%), Gruppe 7 der Westernpferde (6.3%) und sonstigen Rassen mit 7.6% festgestellt werden.

Tab.12: Rasseverteilung

Gruppe1		Gruppe 2		Gruppe 3		Gruppe 4		Gruppe 5		Gruppe 6		Gruppe 7		Gruppe 8	
Warmblut		Ponies		Traber		Haflinger		Kaltblut		Vollblut		Westernpferde		Sonstige	
Bay. Wbl.	76 19.2%	Shetland	9 2.3%	Traber	23 5.8%	Haflinger	51 12.9%	Kaltblut	15 3.8%	Arab. Vollblut	14 3.6%	Quarter Horse	17 4.3%	Friese	7 1.8%
Hannover-aner	10 2.5%	Ponies	20 5.1%							Vollblut	2 0.5%	Paint Horse	2 0.5%	Andalusier	2 0.5%
Holsteiner	3 0.8%	Fjord	5 1.3%							Achal Tekkiner	1 0.2%	Appaloosa	6 1.5%	Tinker	6 1.5%
Oldenburger	6 1.5%	Dt. Reitpony	9 2.3%							Halbblut	2 0.5%			Pinto	5 1.3%
Trakehner	8 2.0%	Welsh	4 1.0%											Sorraia	1 0.2%
Ungar. Wbl.	3 0.8%	Isländer	8 2.0%											Tori	1 0.2%
Holl. Wbl.	3 0.8%													Lippizaner	1 0.2%
Württem-berger	3 0.8%													Creollo	2 0.5%
Wbl.	61 15.4%													Tersker	1 0.2%
Westf. Wbl.	3 0.8%													Lusitano	1 0.2%
														Zwerg-maultier	1 0.2%
														Esel	3 0.8%
Gesamt Prozent	176 44.6%		55 14%		23 5.8%		51 12.9%		15 3.8%		19 4.8%		25 6.3%		30 7.6%

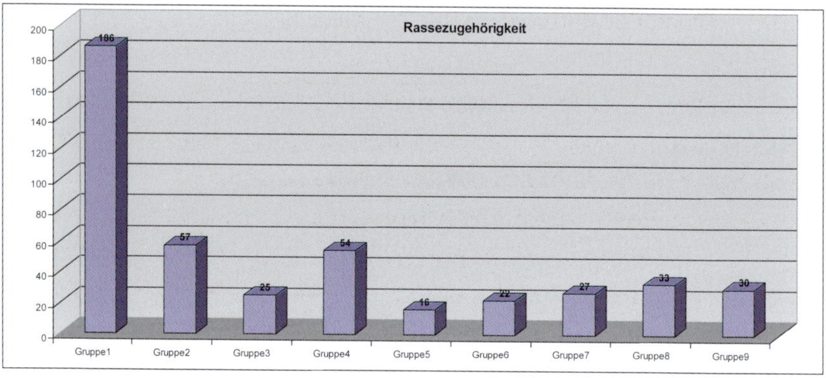

Abb. 13a

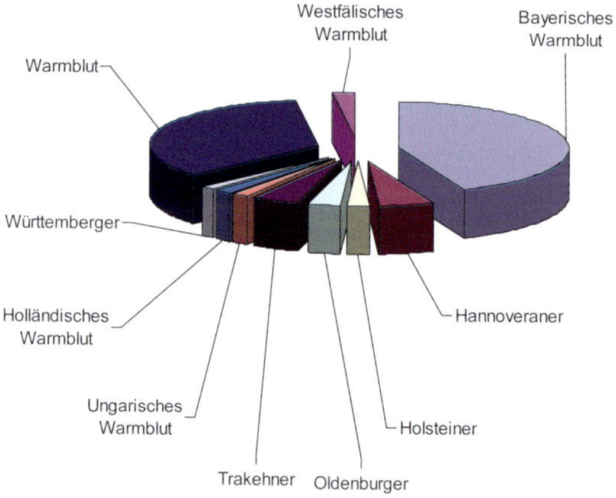

Abb. 13b

Abb.13 a-b: Rassezugehörigkeit für alle Rassen *(a)* und speziell der Gruppe 1 Warmblutpferde *(b)*

4.4. Darstellung der Verbreitung der BD in Bayern

Eine Darstellung der BD-Endemiegebiete und ihrer Verbreitung wurde für die Jahre 1990-2008 vorgenommen. Für die Auswertung wurden 450 BD-Fälle berücksichtigt und in *Tabelle 13* sowie in Abbildungen nach Standorten *(Abb.14)*, Landkreisen *(Abb. 15,16)* und Regierungsbezirken in Bayern *(Abb.17)* dargestellt.
Ein genauer Herkunftsort konnte bei BD-Fällen (n=174) für die Jahre 1990-1999 und für die Jahre 2000-2008 bei (n=276) BD-Fällen ermittelt werden. Diese wurden in 71 Landkreisen und 25 kreisfreien Städten des Freistaats Bayern dargestellt.
Als Hauptendemiegebiete konnten die Regionen in den Regierungsbezirken Mittelfranken (um Nürnberg, Ansbach, Neustadt an der Aisch) und Oberpfalz (Neumarkt) sowie in den Regierungsbezirken Oberbayern (Ingolstadt und Fürstenfeldbruck) und im Regierungsbezirk Schwaben (um Augsburg und die Region südlich von Günzburg) festgestellt werden. Die beiden Landkreise Fürstenfeldbruck und Günzburg galten im Zeitraum 1990-1999 als die Landkreise mit den meisten ermittelten BD Fällen (jeweils über n=10 Fälle).
Eine gering- bis mittelgradiges Auftreten der BD wird für die Regionen um die Hauptendemiegebiete festgestellt werden. Ein sporadisches Auftreten von Krankheitsfällen im Norden sowie vereinzelt im Osten und Süden von Bayern wurde beobachtet. Die Auswertung für den Zeitraum 2000-2008 wies auf eine Ausbreitung der Krankheit über die vorgenannten Hauptendemiegebiete hinaus. Es kam zu einer Verschiebung der Endemiegebiete in den Südwesten und Südosten von Bayern. Erstmalig wurden auch Fälle von BD im Nordwesten von Bayern in den Landkreisen Haßberge, Main-Spessart, Kitzingen und Aschaffenburg festgestellt. Die Ausdehnung nach Süden und Osten erstreckte sich über die oberbayerischen Landkreise Weilheim-Schongau, Starnberg, Ebersberg und Mühldorf am Inn sowie in den niederbayerischen Landkreis Deggendorf. Das Gebiet der Oberbayerischen Alpen, die Region der Allgäuer Alpen bzw. das Oberallgäu, Berchtesgadener Land sowie einige Regionen im Osten von Niederbayern mit dem Bayerischen Wald und

große Gebiete Nordbayerns blieben nach unserem Kenntnisstand frei von Bornascher Krankheit.
Als Hauptendemiegebiete im Zeitraum 2000-2008 können die Regionen um Augsburg und Günzburg sowie das Unterallgäu mit den Landkreisen Aichach-Friedberg, und der Bezirk Oberbayern mit den Landkreisen Fürstenfeldbruck und Landsberg am Lech genannt werden. Außerdem konnte ein neues Endemiegebiet im Südosten von Bayern in der Region um Landshut und im Landkreis Erding festgestellt werden. In den alten Endemiegebieten in Franken wurden nach 2000 rückläufige Fallzahlen von BD in den Landkreisen Neustadt an der Aisch, Ansbach und Fürth und der kreisfreien Stadt Nürnberg beobachtet. Darüber hinaus konnte eine Zunahme der BD-Fälle südlich des ehemaligen Hauptendemiegebietes aufgezeigt werden. In den Landkreisen Roth, Neumarkt in der Oberpfalz, Weißenburg-Gunzenhausen, Neuburg-Schrobenhausen, Donau-Ries und Kelheim kam es nach dem Jahr 2000 zu einem Anstieg der BD-Fälle. Insgesamt wird festgestellt, dass sich die Bornasche Krankheit über die Grenzen der ursprünglichen Endemiegebiete hinaus weiter ausgebreitet hat. Das Kerngebiet der BD verschiebt sich weiter in den Süden und Westen des Landes Bayern. Dabei wurde außerdem eine Ausdehnung in den Südosten mit steigenden Fallzahlen beobachtet. Einen Überblick geben die *Tabelle 13* und die *Abbildungen 14 -17*.

Tab.13: Landkreise mit BD im Zeitraum 1990-2008

Landkreis	1990 - 1999	2000 - 2008	Landkreis	1990 - 1999	2000 - 2008
Aichach-Friedberg	8	16	Landshut	6	17
Altötting			Lichtenfels		
Amberg-Sulzbach	2	1	Lindau (Bodensee)		
Ansbach	6	2	Main-Spessart		1
Aschaffenburg		1	Miesbach		
Augsburg	9	16	Miltenberg		
kreisfreieStadt Augsburg	2	3	Mühldorf am Inn		6
Bad Kissingen			München	3	5
Bad Tölz - Wolfratshausen			kreisfreie Stadt München	4	3
Bamberg			Neuburg-Schrobenhausen	4	7
Bayreuth	1	3	Neumarkt in der Oberpfalz	8	12
kreisfreie Stadt Bayreuth	1		Neustadt an der Aisch	7	2
Berchtesgadener Land			Neustadt an der Waldnaab	1	2
Cham	1	1	Neu-Ulm		1
Coburg			kreisfreie Stadt Nürnberg	1	
Dachau	3	6	Nürnberger-Land	9	7
Deggendorf		1	Oberallgäu		
Dillingen an der Donau	2	1	Ostallgäu	3	8
Dingolfing-Landau	1	5	Passau		
Donau-Ries	3	6	Pfaffenhofen an der Ilm	6	4
Ebersberg		6	Regen		
Eichstätt	7	6	Regensburg	2	2
Erding	5	12	Rhön-Grabfeld		
Erlangen-Höchstadt	1	3	Rosenheim		
Forchheim	2	2	Roth	7	13
Freising	5	5	Rottal-Inn	1	
Freyung-Grafenau			kreisfreie Stadt Schwabach	1	
Fürstenfeldbruck	12	14	Schwandorf		1
Fürth	3		Schweinfurt		
Garmisch-Partenkirchen			Starnberg	1	
Günzburg	11	17	Straubing-Bogen	1	3
Haßberge		1	Tirschenreuth	2	2
Hof	1		Traunstein		
kreisfreie Stadt Ingolstadt	3	4	Unterallgäu	4	16
Kelheim		5	Weilheim-Schongau	2	
Kitzingen		1	Weißenburg-Gunzenhausen	4	10
Kronach			Wunsiedel im Fichtelgebirge	1	1
Kulmbach			Würzburg		
Landsberg am Lech	7	15			

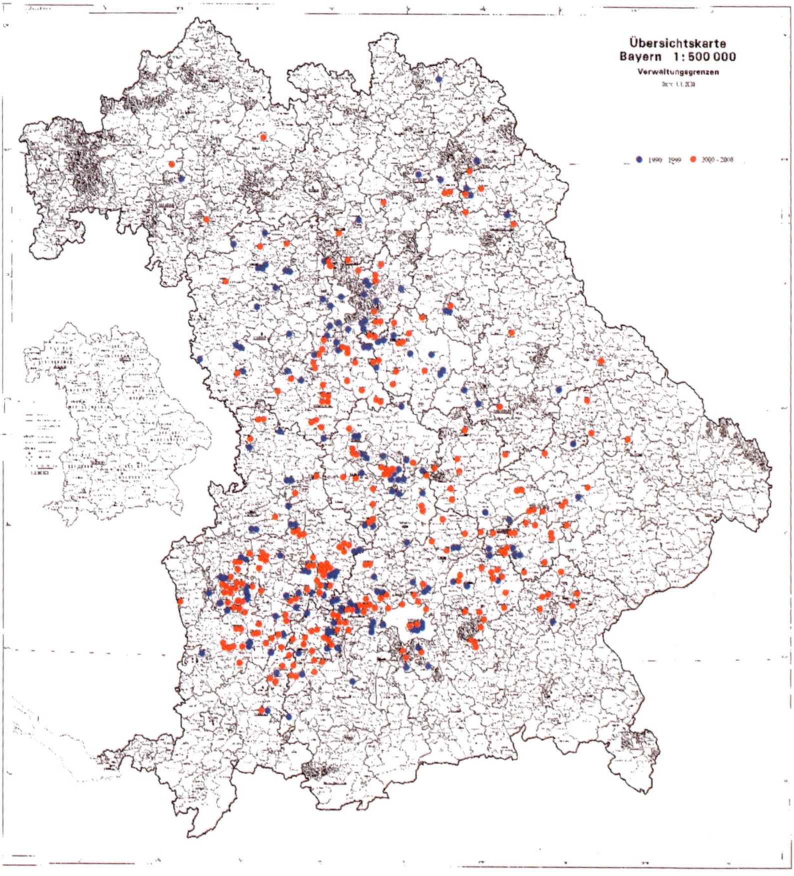

Abb.14: Darstellung der n=450 BD-Fälle und ihrer Standorte in Bayern

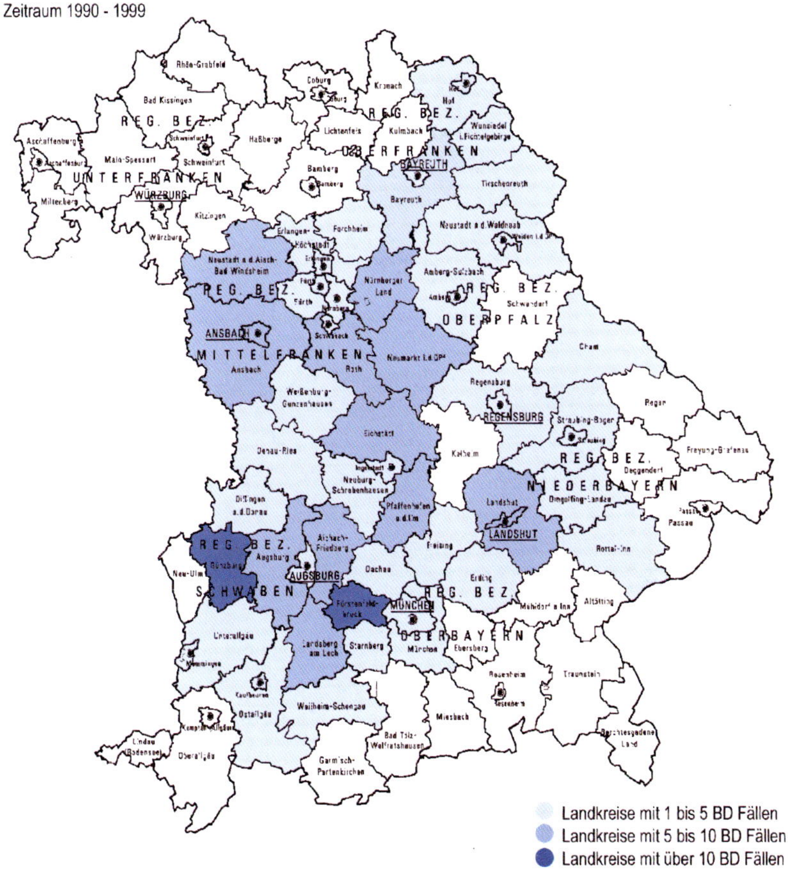

Abb.15: Darstellung der n=174 BD-Fälle im Zeitraum 1990-1999 in den einzelnen Landkreisen

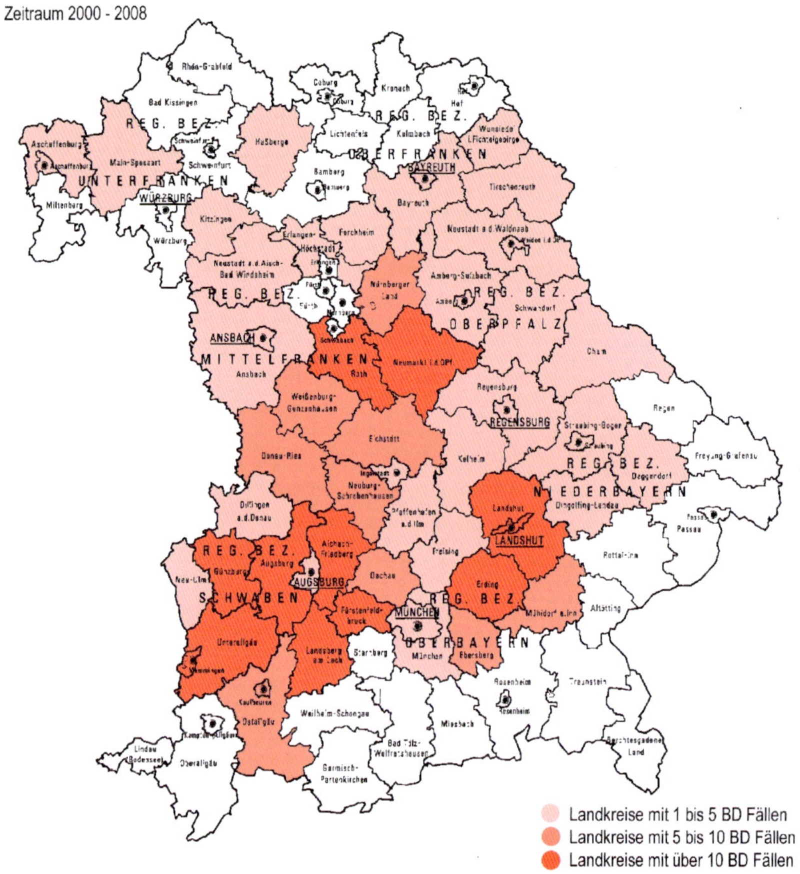

Abb.16: Darstellung der n=276 BD-Fälle im Zeitraum 2000-2008 in den einzelnen Landkreisen

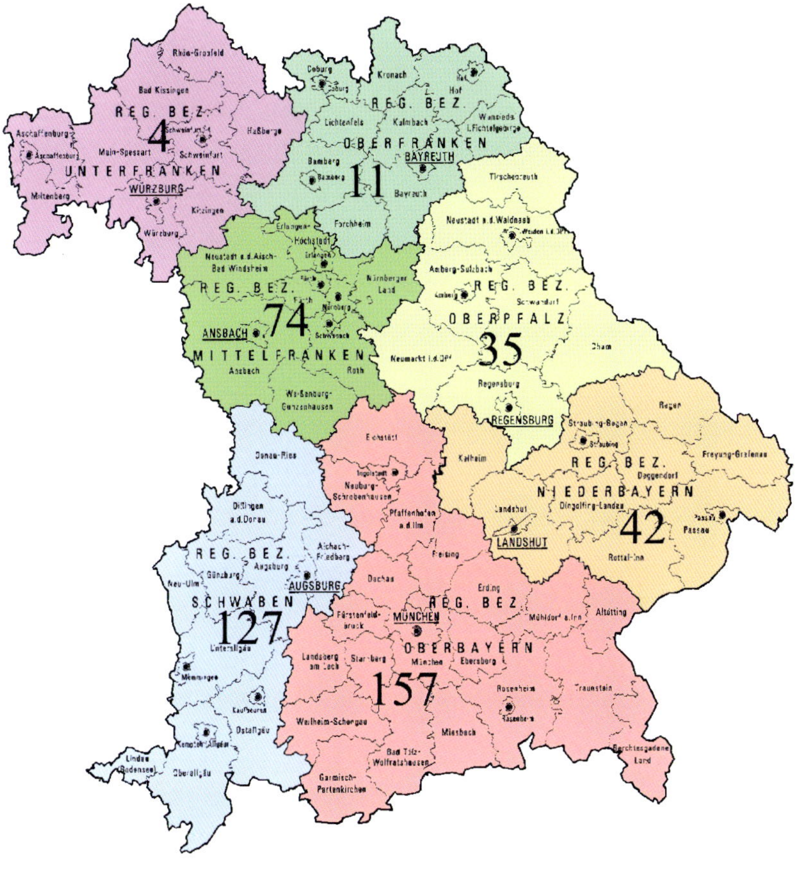

Abb.17: Anzahl der an BD erkrankten Pferde in den jeweiligen Regierungsbezirken im Zeitraum 1990-2008

4.5 Ergebnisse der säkularen Dynamik und saisonalen Rhythmik bei BD

Zur Darstellung der säkularen Dynamik der BD in Bayern wurde ein Zeitraum von 20 Jahren herangezogen. Die Daten konnten für die Jahre 1994 bis einschließlich 2008 lückenlos aus den Unterlagen der Bayerischen Tierseuchenkasse und aus den Untersuchungsbefunden des Instituts für Virologie des Fachbereichs Veterinärmedizin der Justus-Liebig-Universität Gießen entnommen werden. Angaben über BD-Fälle von 1989 bis 1992 wurden nach einer statistischen Auswertung der Bayerischen Tierseuchenkasse hinzugefügt. Ergänzend dazu wurden Krankenakten der I. Medizinischen Tierklinik der Ludwig-Maximilians-Universität München von 1990 bis 1998 sowie Ergebnisse der Landesuntersuchungsämter Nord- und Südbayern von 1995 bis 2005 ausgewertet. Insgesamt wurden BD Fälle (n=491) in die Auswertung nach der säkularen Dynamik einbezogen. Danach kann festgestellt werden, dass die Erkrankungsfälle im beobachteten Zeitraum in den einzelnen Jahren variieren und es in unregelmäßigen Abständen von 3 bis 5 Jahren zur Ausprägung einer Erkrankungsspitze kommt. Die Anzahl neuer Krankheitsfälle (Inzidenz) war in den Jahren 1996, 2000, 2005 und 2008 mit einem Anteil zwischen 6.9 bis 8.4% am höchsten. Des Weiteren lag die jährliche Inzidenz zwischen 1994 und 2008 im Durchschnitt bei 5.7% (28 Krankheitsfälle mit BD). Die Anzahl der jährlichen Krankheitsfälle hatten ein Minimum von n=19 Fällen (Jahr 1997) und ein Maximum von n=41 Fällen (Jahr 2008). Für die Jahre vor 1994, in denen keine vollständigen Unterlagen für die Auswertung zur Verfügung standen, werden deutlich niedrigere Fallzahlen mit minimal n=8 (Jahr 1991) und maximal n=19 (Jahr 1992) genannt. Eine genaue Übersicht über die Verteilung in den einzelnen Jahren gibt die Grafik in *Abbildung 18*.

Die saisonale Rhythmik wurde anhand einer Auswertung von n=451 BD-Fällen für den Zeitraum von 1990 bis 2008 aufgezeigt. Daraus ergibt sich eine Häufung der Krankheitsfälle in den Frühjahrsmonaten. Für die erste Jahreshälfte von Januar bis Juni wurde eine Inzidenz von 66% ermittelt. In der zweiten Jahreshälfte von Juli bis Dezember betrug der Anteil der BD-Fälle nur 34%. Mit diesen Ergebnissen wird aufgezeigt, dass die BD mit einem Anstieg der Erkrankungen in den späten Herbstmonaten beginnt, und eine Häufung der Krankheitsfälle im Frühjahr in den Monaten März bis Mai vorliegt. Ein stetiger Rückgang der Erkrankungen ist in den Sommermonaten zu verzeichnen. Eine Gesamtübersicht der Jahre 1990-2008 weist die Grafik in *Abbildung 19* auf. In den *Abbildungen 20 a-d* wird anhand der Peaks in den Jahren 1996, 2000, 2005 und 2008 der saisonale Charakter der Erkrankung unterstrichen.

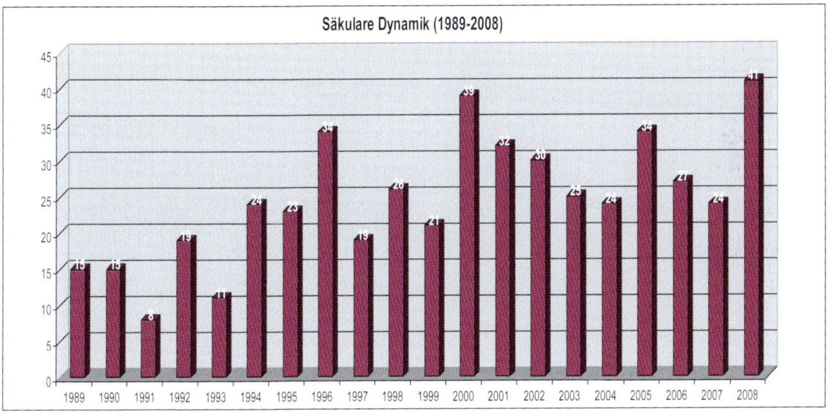

Abb.18: Säkulare Dynamik Überblick im Zeitraum von 1989-2008

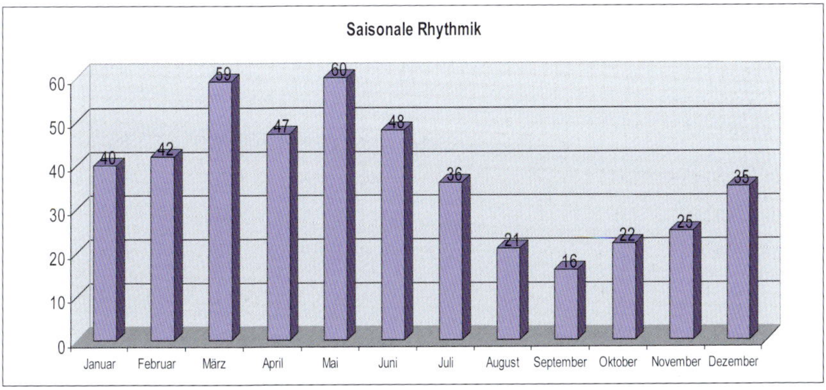

Abb.19: Saisonale Rhythmik Überblick im Zeitraum von 1990-2008

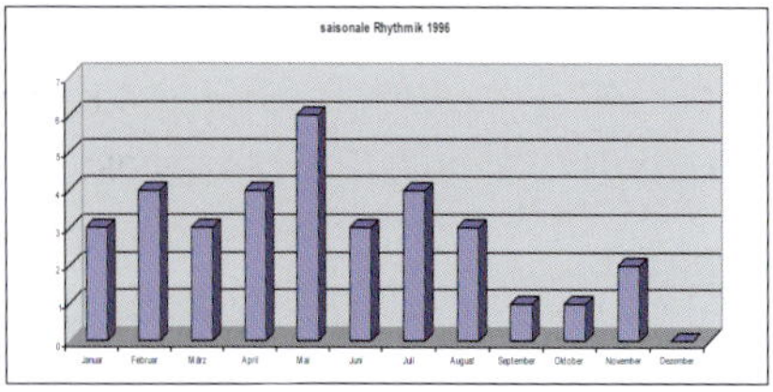

Abb.20 a

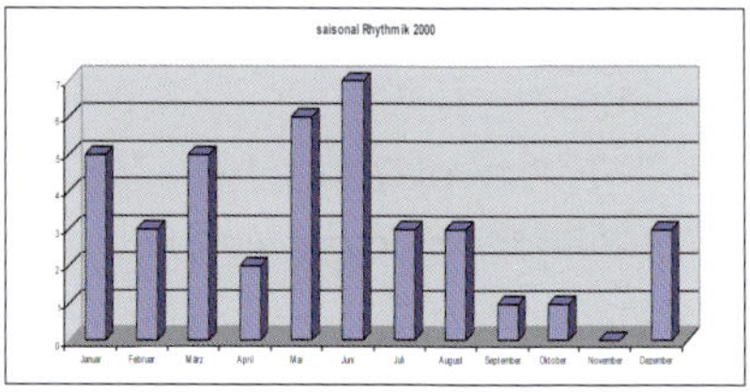

Abb.20 b

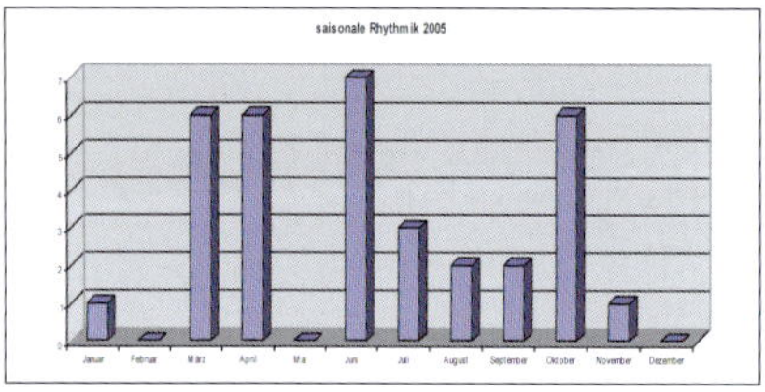

Abb.20 c

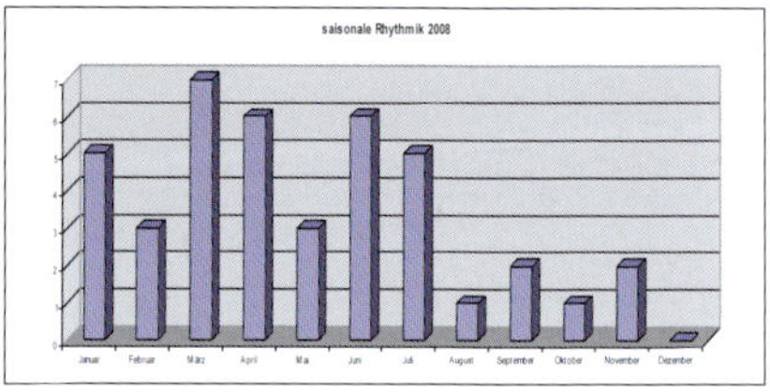

Abb. 20 d

Abb.20 a-d: Darstellung der saisonalen Rhythmik für die einzelnen Jahre mit einem Peak 1996 *(a)*, 2000 *(b)*, 2005 *(c)*, 2008 *(d)*.

4.6. Befunde der Untersuchung *post mortem*

Die *Tabelle 14* gibt einen Überblick über die *post mortem* Untersuchung der ausgewerteten n=451 BD-Fälle. Davon konnte in n=421 Fällen die Diagnose BD *post mortem* über eine histologische und/oder immunhistologische Untersuchung, und/oder über einen Virusnachweis gestellt werden. In n=342 Fällen wurde eine histologische Untersuchung des Gehirns durchgeführt. Außerdem wurden n=83 Fälle nur über eine histologische Untersuchung und n=16 Fälle ausschließlich über eine immunhistologische Untersuchung ermittelt. In insgesamt n=259 Fällen wurde *post mortem* eine immunhistologische Untersuchung des Gehirns mit dem monoklonalen Antikörper Bo 18 durchgeführt. Davon wurde nur in n=4 Fällen ein negatives Ergebnis ermittelt. Der überwiegende Anteil (n=239/451 Fälle) wurde einer histologischen und immunhistologischen Untersuchung unterzogen. In 138 Fällen erfolgte ein Virusnachweis in Organmaterial (Gehirn/Retina/Sehnerv) mittels PCR oder Immunoblot. Von den n=30 nicht *post mortem* untersuchten Fällen zeigten 15 Fälle eine Spontanheilung. In 15 Fällen konnte die Diagnose BD ausschließlich über die Ergebnisse der *intra vitam* Diagnostik gestellt werden. In diesen Krankheitsfällen lag die typische Symptomatik, ein seropositives Titerpaar und/oder eine Untersuchung des Liquor cerebrospinalis vor.

Tab.14: Diagnostik *post mortem*

<table>
<tr><td colspan="7">Histologie/Immunhistologie/Virusnachweis</td></tr>
<tr><td colspan="7">421</td></tr>
<tr><td colspan="3">Histologie</td><td colspan="2">Immunhistologie</td><td colspan="2">Virusnachweis (PCR/Immunoblot)</td></tr>
<tr><td colspan="3">342</td><td colspan="2">259</td><td colspan="2">138</td></tr>
<tr><td>Histologie</td><td>Histologie Immunhistologie</td><td>Histologie Immunhistologie Virusnachweis</td><td>Immunhistologie</td><td>Immunhistologie Virusnachweis</td><td>Virusnachweis</td><td>Virusnachweis Histologie</td></tr>
<tr><td>83</td><td>184</td><td>55</td><td>16</td><td>4</td><td>59</td><td>20</td></tr>
<tr><td colspan="7">ohne Histologie/Immunhistologie/Virusnachweis</td></tr>
<tr><td colspan="7">30</td></tr>
<tr><td colspan="2">Spontanheilungen</td><td colspan="5">ausschließlich intra vitam Diagnostik</td></tr>
<tr><td colspan="2">15</td><td colspan="5">15</td></tr>
</table>

4.7 Ergebnisse der *intra vitam* Diagnostik

Eine Übersicht über die Anzahl der untersuchten Seren und Cerebrospinalflüssigkeiten der n=451 ausgewerteten BD-Fälle sowie die Ergebnisse der indirekten Immunfluoreszenz geben *Tabelle 15* und *Abbildung 21 a-b*.

Tab.15: Diagnostik *intra vitam*

Untersuchung Serum im IFT				Untersuchung CSF im IFT			
294				207			
positiv		negativ		positiv		negativ	
264	89.8%	30	10.2%	176	85.0%	31	15.0%
Serokonversion 33	Titeranstieg 47	perakut 7	Kortison 2	Serokonversion 2	Titeranstieg 5	perakut 13	Kortison 3
11.2%	16.0%	2.4%	0.7%	1.0%	2.4%	6.3%	1.4%

Die Auswertung ergab für die insgesamt n=294 mit der indirekten Immunfluoreszenz untersuchten Seren n=264 Fälle mit Antikörpernachweis und n=30 Fälle ohne Antikörpernachweis. Für die 30 negativen Seren wurde in n=7 Fällen ein perakuter Krankheitsverlauf sowie in n=2 Fällen eine Vorbehandlung mit Kortison ermittelt. Die Sensitivität der Untersuchungsmethode für Serum kann mit 89.8% angegeben werden. Im Weiteren wurden in der Gruppe der n=264 Fälle mit einem positiven BDV-Antikörpertiter n=116 Fälle über die Untersuchung eines Titerpaars ermittelt. Bei diesen n=116 Fällen wurde immer ein Anstieg des Antikörpertiters im Infektionsverlauf festgestellt. In n=36 Fällen war der Nachweis eines Titeranstiegs nicht mehr möglich da im Erstserum bereits ein hoher Titer vorlag. In n=47 Fällen wurde ein Anstieg um 3 bis 9 Titerstufen sowie in n=33 Fällen eine Serokonversion im Verlauf der Erkrankung aufgezeigt. Dieses Ergebnis weist auf die Notwendigkeit serologischer Untersuchungen im Infektionsverlauf hin und kann somit hilfreich in der *intra vitam* Diagnostik der BD sein. Die Auswertung der n=207 BD-Fälle, in denen die CSF mit dem IIFT untersucht wurde, ergab n=176 Fälle mit Antikörpernachweis und n=31 BD-Fälle ohne Antikörpernachweis. Eine Sensitivität der Methode für die CSF kann deshalb mit 85% angegeben werden. Von den n=31 Fällen, bei denen keine Antikörper in der CSF nachgewiesen wurden, zeigten n=13/31 einen perakuten Krankheitsverlauf. Bei n=3 Fällen hatte eine Vorbehandlung mit Kortison stattgefunden. Diese letztgenannten 16 Fälle ohne Antikörpernachweis können somit eine Diagnosestellung *intra vitam* erheblich erschweren.

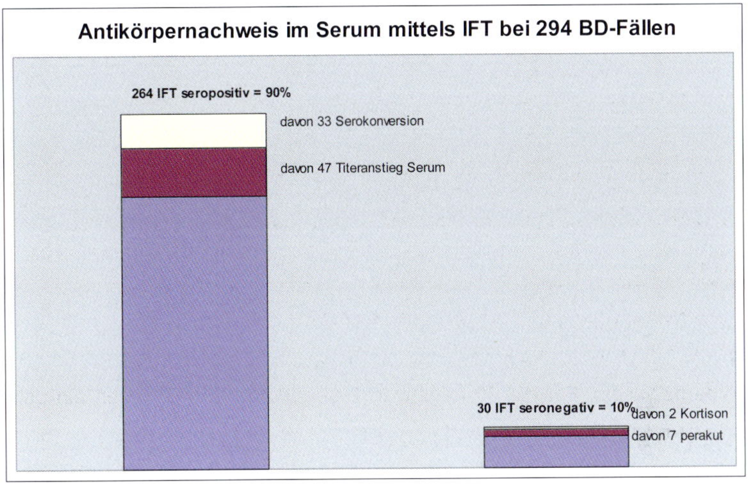

Abb. 21a

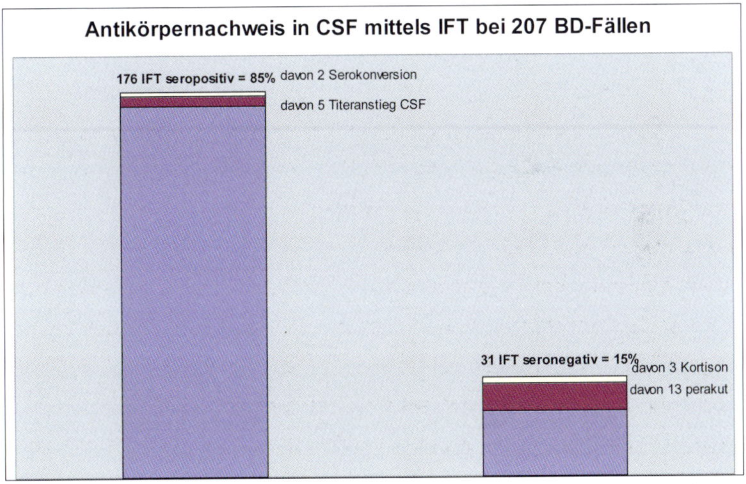

Abb. 21b

Abb.21 a-b: BDV-Antikörper Nachweis mit dem IIFT in n=294 Serum-Proben*(a)* und n=207 CSF-Proben*(b)*

4.8 Verlaufsformen der BD

Die unterschiedlichen Verlaufsformen der Bornaschen Krankheit wurden an n=451 BD-Fällen aufgezeigt. Dabei wiesen n=420 Fälle einen akuten bis subakuten Krankheitsverlauf auf. Diese Erkrankungen verliefen in einem Zeitraum von 3 bis 28 Tagen. Sie bildeten einen Anteil von 92.7% der BD-Fälle. Einen perakuten Krankheitsverlauf zeigten n=16/451 BD-Fälle. Daraus ergibt sich ein Anteil von 3.5% BD-Fälle mit einem Krankheitsverlauf innerhalb von 48 Stunden. Des Weiteren wurden Spontanheilungen im akuten Stadium n=13/451 festgestellt. In 2 Fällen (0.4%) wurde erst nach über 30 Tagen eine Spontanheilung beobachtet. Eine Spontanheilung mit Besserung der klinischen Symptomatik und stetigem Verlust von Krankheitszeichen zeigten somit n=15/451 BD-Fälle. Spontanheilungen hatten somit einen Anteil von 3.3%. Einen genauen Überblick gibt die grafische Darstellung in *Abbildung 22*.

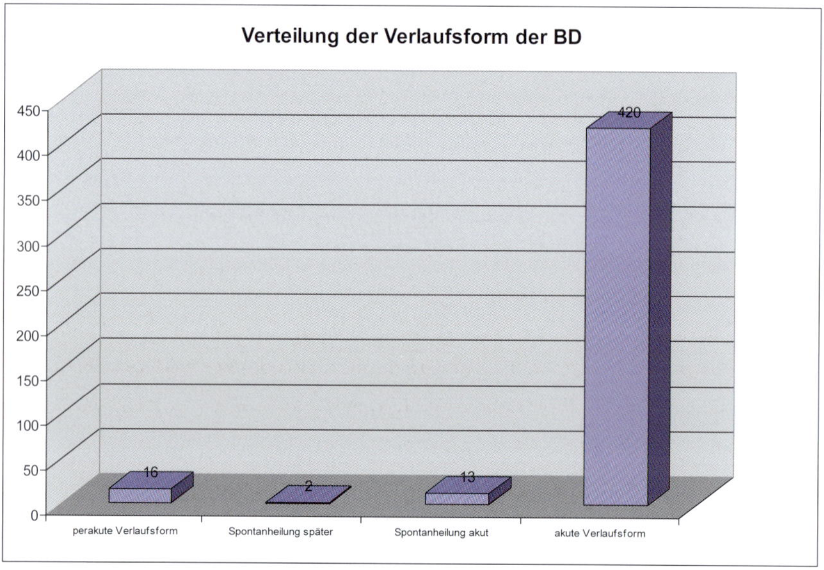

Abb.22: Verlaufsformen der BD in n=451 Fällen

4.9 Ergebnisse der Charakterisierung des monoklonalen Antikörpers 38/15H7

Mittels Immunoblots wurden 100 Organproben von Pferden, die an BD erkrankt waren, mit dem monoklonalen Antikörper 38/15H7 von der Maus untersucht. Dabei wurden 75 Gehirnproben (G) und 25 Proben von der Retina (R) im Blot eingesetzt. Alle 100 Proben wurden von dem monoklonalen Antikörper erkannt, der ein Epitop auf dem 38/39 kDa Protein erkennt. Eine Übersicht gibt die *Abbildung 23* und *Tabelle 16*.

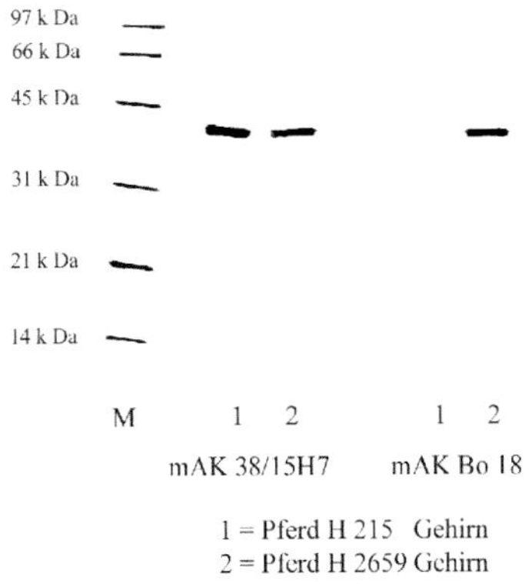

Abb.23: Immunoblot von Gehirnmaterial zweier an BD erkrankter Pferde. Der monoklonale Antikörper Bo 18 ist rechts und der monoklonale Antikörper 38/15H7 ist links positioniert. Das im Pferdegehirn H215 gebildete 38/39 kDa Protein wurde vom monoklonalen Antikörper Bo 18 nicht erkannt.

Tab.16: Ergebnisse Immunoblot mAK 38/15H7

Nummer Pferd	**Organ**	**Ergebnis 38/15H7**	**Nummer Pferd**	**Organ**	**Ergebnis 38/15H7**	**Nummer Pferd**	**Organ**	**Ergenis 38/15H7**	**Nummer Pferde**	**Organ**	**Ergebnis 38/15H7**
H262	G	+	H1782	R	+	H3352	G	+	H3915	G	+
H263	G	+	H2069	R	+	H2894	R	+	H3940	G	+
H264	G	+	H2289	R	+	H3053	R	+	H4026	G	+
H315	G	+	H2690	R	+	H3515	G	+	H4711	G	+
H330	G	+	H2734	R	+	H3519	G	+	H5022	G	+
H437	G	+	H2986	R	+	H8283	R	+	H5005	G	+
H446	G	+	H2659	G	+	H8284	G	+	H5066	G	+
H533	G	+	H2359	G	+	H8285	R	+	H5133	G	+
H544	G	+	H2343	G	+	H8286	R	+	H5374	G	+
H639	G	+	H2121	G	+	H6959	R	+	H5585	G	+
H461	G	+	H1915	G	+	H7029	R	+	H5603	G	+
H663	G	+	H2711	G	+	H7290	G	+	H5713	G	+
H640	G	+	H2763	G	+	H7314	R	+	H5746	G	+
H874	G	+	H2835	G	+	H7329	R	+	H5761	G	+
H1444	G	+	H2853	G	+	H7946	R	+	H5774	G	+
H1505	G	+	H2890	G	+	H7981	R	+	H5957	G	+
H1693	G	+	H2903	G	+	H8143	R	+	H6062	G	+
H1694	G	+	H2919	G	+	H8153	R	+	H6235	G	+
H1704	G	+	H2922	G	+	H8141	R	+	H6245	G	+
H1719	G	+	H2905	G	+	H8221	R	+	H6325	G	+
H1842	G	+	H3242	G	+	H8254	G	+	H6501	G	+
H2244	G	+	H3309	G	+	H8283	R	+	H6614	G	+
H2677	R	+	H3321	G	+	H3752	R	+	H6744	G	+
H1708	R	+	H3327	G	+	H3754	G	+	H6750	G	+

5 Diskussion

5.1 Zielstellung der Arbeit

Gegenstand dieser Arbeit waren Untersuchungen der Bornaschen Krankheit nach epizootiologischen Aspekten im Endemiegebiet Bayern über einen Zeitraum von 18 Jahren. Durch die Ermittlung der Herkunft der BD-Fälle konnten Hinweise über die Ausdehnung und Veränderung der Krankheit im Endemiegebiet gewonnen werden. Zusätzlich sollten Daten zur saisonalen Rhythmik und säkularen Dynamik sowie Angaben zum erkrankten Tier weitere Erkenntnisse über den Krankheitsverlauf und eines möglichen Virusreservoirs zu liefern. Ziel dieser Arbeit war es auch, die Diagnostik *intra vitam* und *post mortem* an den n=451 nachgewiesen BD-Fällen aufzuzeigen, die ebenfalls Gegenstand dieser Diskussion sein soll. Die Erstellung der Datensammlung als Grundlage der Arbeit wurde hauptsächlich durch das Datenmaterial der Bayerischen Tierseuchenkasse möglich. Danach gehört die Bornasche Krankheit in Deutschland zu den nach dem Tierseuchengesetz meldepflichtigen Krankheiten, für die seit dem 06.02.1981 eine Meldepflicht zur Registrierung der Krankheitsfälle im gesamten Bundesgebiet gilt. In Bayern leistet die Bayerische Tierseuchenkasse Beihilfe bei Tieren, die an einer meldepflichtigen Krankheit verendet sind. Nach der Satzung über die Leistungen der Bayerischen Tierseuchenkasse wird deshalb für Pferde, die an Bornascher Krankheit verendet sind oder getötet wurden, eine Beihilfe geleistet. Als Voraussetzung muss ein Nachweis über die Krankheitsursache erbracht werden. Das bedeutet, dass ein pathologisch-anatomischer Befund durch Untersuchung des ganzen Tierkörpers und von geeignetem Organmaterial, mindestens das Gehirn und wenn möglich auch die Augen, an einer entsprechenden Untersuchungsanstalt erstellt werden muss. Im Weiteren sollte der Equidenpass (Original) vorliegen und ein Nachweis über die Beitragspflicht im Fall einer Entschädigung erbracht werden. Aufgrund dieser

Bestimmungen war es möglich, exakte Angaben und eine gesicherte Diagnose zu erhalten. Eine Beitragspflicht besteht für Besitzer von Pferden sowie Fohlen oder Stallbetreibern mit Pensionspferden nach dem Tierseuchengesetz und den dazu erlassenen landesrechtlichen Vorschriften, der Anstaltssatzung und der Beitragssatzung der Bayerischen Tierseuchenkasse. Aufgrund dieser Gesetzgebung konnte von einer relativ weitreichenden Erfassung der BD-Fälle in Bayern zum Nutzen dieser Arbeit ausgegangen werden. Ergänzt wurden die Angaben der Tierseuchenkasse durch Ergebnisse der Diagnostik des Instituts für Virologie in Gießen, den Landesuntersuchungsämtern in Bayern und klinischen Berichten der I. Medizinischen Tierklinik der Universität München.

5.2 Bewertung der Epizootiologischen Untersuchung

5.2.1 Disposition von Rasse, Alter, Geschlecht

In der Literatur wurden nur wenige Angaben bezüglich einer besonderen Rassedisposition oder dem Einfluss von Alter und Geschlecht im Zusammenhang mit dem Auftreten der Bornaschen Krankheit gemacht. Lediglich KAILER gibt in Ihrer statistischen Untersuchung einen signifikant erhöhten Anteil von an BD erkrankten Stuten an. Weiterhin stellt sie in Ihrer Untersuchung von 1000 Serumproben einen geringfügig erhöhten Anteil von seropositiven Pferden in den Altersgruppen der jungen Pferde (bis 4 Jahre) und der alten Pferde (über 20 Jahre) sowie eine deutlich erhöhte Seroprävalenz bei Ponys fest (KAILER, 1998). DÜRRWALD gibt in seiner Untersuchung an klinisch erkrankten Pferden n=21 einen Anteil von 85% Ponys und Kleinpferden davon 13 weibliche und 8 männliche Tiere an (DÜRRWALD, 1993). Auch LEBELT und UHLIG bestätigen diese Tendenz mit einem Anteil von 71% bis 73% Ponys und Kleinpferden (LEBELT, 1995; UHLIG, 1998). Beide Autoren machen keine Angaben zu einer möglichen Altersprädisposition. In der älteren Literatur von ACHTZEHN wird ein gleichmäßiges Verhältnis bei erkrankten Pferden (n=625) zwischen Stuten und Wallachen sowie Pferden der Rassen Warmblut und Kaltblut angegeben. In der Altersgruppe der 8- bis12-jährigen ermittelt er den höchsten Anteil von 23.2% (ACHTZEHN, 1953). Im Rahmen meiner eigenen Auswertung der Rasseverteilung, in die n=421 nachgewiesene BD-Fälle eingingen, ergab sich ein deutlich höherer Anteil von 186 erkrankten Pferden in der Gruppe 1 der Warmblutpferde. Außerdem konnten auffällig hohe Zahlen in der Gruppe der Ponys mit 57 BD-Fällen und der Gruppe 4 der Haflinger mit 54 Fällen festgestellt werden. Weniger BD-Fälle wurden bei den Rassen Vollblut, Traber, Kaltblut und in der Gruppe 7 der Westernpferde gezählt. In der Gruppe 8 sonstige Rassen wurden 12 einzelne Rassen, z.B. Friese und Andalusier zusammengefasst, bei denen nur zwischen 1 und 7 Erkrankungen bekannt waren. Diese Ergebnisse lassen vermuten, dass ein Zusammenhang zwischen der Anzahl der Erkrankungen bei bestimmten Rassen, mit dem Anteil der Rasse an der Gesamtpferdepopulation besteht. Um eine Aussage über eine mögliche Rassedisposition treffen zu können, wurden die Ergebnisse mit Datenmaterial aus dem Jahresbericht 2007 der Deutschen Reiterlichen Vereinigung (FN) verglichen. Damit konnte aufgezeigt werden, dass die Bornasche Krankheit bei vielen unterschiedlichen Rassen vorkommt, mit einer Disposition für die Rassen Warmblut, Pony und Haflinger. Diese Ergebnisse bestätigen eine Untersuchung von GRABNER und FISCHER in n=38 untersuchten BD Fällen, die eine Rasseverteilung von 22 Warmblütern, 11 Ponys, 4 Trabern und 1 Vollblüter angegeben konnten (GRABNER und FISCHER, 1991). Dabei ist zu bemerken, dass Bayern mit n=3761 eingetragenen Zuchtstuten der Rasse Warmblut für das Jahr 2007 im Vergleich zum Zuchtgebiet Hannover mit n=19611 Zuchtstuten nicht zu den Gebieten mit den größten Warmblutpferdebeständen in Deutschland gehört. Im Gegensatz dazu ist Bayern das vorherrschende Kaltblutzuchtgebiet mit dem größten Zuchtstutenbestand in Deutschland. Das gilt ebenso für die Rasse Haflinger, die in Bayern über einen ähnlich hohen Bestand an eingetragenen Zuchtstuten verfügt. Im Vergleich der beiden Rassen Haflinger und Kaltblut kann eine Prädisposition der Rasse Haflinger gegenüber dem Kaltblut festgestellt werden. Auf Grund dessen können Ergebnisse anderer Untersuchungen, die über ein gehäuftes Auftreten der Krankheit beim Pony und Kleinpferd und damit auch beim Haflinger bestätigt werden.

Eine Prädisposition für die Rasse Kaltblut kann nicht angegeben werden. Das in einer Untersuchung von ACHTZEHN ermittelte Gleichgewicht zwischen erkrankten Warmblut- und Kaltblutpferden könnte zur damaligen Zeit mit dem höheren Anteil an Kaltblutpferden an der Gesamtpopulation erklärt werden (ACHTZEHN, 1953). Diese hatten als Arbeitspferde im untersuchten Zeitraum von 1948 bis 1952 noch eine größere Bedeutung, da bis Mitte des 20. Jahrhunderts die Nutzung von Kaltblütern in der Landwirtschaft noch weit verbreitet war. Die Bestände sind jedoch stetig mit dem Bedarf an schweren Arbeitspferden und der fortschreitenden Mechanisierung der Landwirtschaft zurückgegangen und durch leichtere Pferderassen, die als Reitpferde genutzt werden können, ersetzt worden. Die Vermutung, dass eine gehäufte Erkrankung der Ponies und Kleinpferde mit deren Lebensweise in einer Offenstall- oder Robusthaltung oder einer Haltung in Kleinbetrieben mit gemischter Nutz- und Kleintierhaltung in Zusammenhang steht, kann mit dem hohen Anteil von n=186 erkrankten Warmblutpferden entkräftet werden. Diese leben in der Regel, bedingt durch ihre Nutzung, in Pensionsställen in Boxenhaltung mit Weidegang. Ein Zusammenhang zwischen Haltungsart und Erkrankung kann hier nicht hergestellt werden. Die mögliche Ursache der Haltung unter ungenügenden hygienischen Bedingungen sollte jedoch in Betracht gezogen werden. Hier müssen andere Aspekte der Haltungsbedingungen wie Matratzenhaltung sowie die Lagerstätten von Futtermitteln bedacht werden, die unabhängig von der Haltungsform eine Rolle im Infektionsgeschehen spielen können.

Die Auswertung der Geschlechtsverteilung bei BD ergibt ein etwas häufigeres Vorkommen mit 54.9% bei der Stute. Die Betrachtung der Ergebnisse in *Tabelle 11* gibt zusätzlich neben der Rasse Aufschluss über die Verteilung der Geschlechter. Hier wurde für vier Rassen speziell der Anteil der erkrankten Stuten festgestellt. Dabei kann für jede der vier einzelnen Rassen ein höherer Anteil an erkrankten Stuten festgestellt werden. Der zahlenmäßige Unterschied ist zwischen weiblichen und männlichen Tieren bei den Rassen Pony und Haflinger am deutlichsten. Die Rasse Kaltblut ist mit nur 16 BD-Fällen nicht repräsentativ genug. Die Rasse Warmblut ergibt ein annähernd gleichmäßiges Verhältnis zwischen männlichen und weiblichen Tieren. Die Annahme von KAILER, dass diese geschlechtsspezifischen Unterschiede mit der Nutzung in Zusammenhang stehen könnte, wird mit vorliegenden Ergebnissen bestätigt (KAILER, 1998). Stuten leben mit Sicherheit in der Mehrzahl als Zuchtstuten häufiger unter Bedingungen mit mehr Kontakt zu Artgenossen und Weidegang. Dieser Vorgang könnte insbesondere für die vier näher betrachteten Rassen zutreffen und sich in den Ergebnissen zeigen. In einer Studie zur Ausscheidung von an BD-erkrankten Pferden von DONNER konnte jedoch nicht bewiesen werden, dass über Tränendrüse und Parotis infektiöses Virus ausgeschieden wird (DONNER, 1998).

In Untersuchungen anderer Autoren wurden nie geschlechtsspezifische Unterschiede bei an BD erkrankten Pferden beschrieben. Auch in dieser Untersuchung kann keine definitive Aussage darüber gemacht werden. Nur wenige Angaben existieren über ein altersspezifisches Vorkommen der BD. In dieser Auswertung wurden die meisten BD-Fälle in der Gruppe der 7-bis 9-jährigen (21.2%) und der Gruppe der 4-bis 6-jährigen (20.0%) festgestellt. DIECKHÖFER gibt eine steigende, relative Häufigkeit infizierter und kranker Pferde ab einem Alter von 6 Jahren an und stellt fest, dass junge Pferde weniger häufig betroffen sind als alte Pferde. Als Ursachen der mit dem Alter ansteigenden Erkrankung gibt er zunehmende Kontakte mit anderen Pferden, der Umwelt sowie größere Stresssituationen an (DIECKHÖFER, 2006). Diese Angaben können die Ergebnisse der vorliegenden Auswertung nicht bestätigen. In dieser Studie werden in 3 Altersgruppen bis zu 9 Jahren die meisten BD-Fälle gezählt. Ein Rückgang der Erkrankungen beginnt mit der Gruppe der 10-bis 12-jährigen Pferde. Eine Erklärung für den relativ hohen Anteil von seropositiven Pferden in den jüngeren Altersgruppen gibt KAILER in ihrer Auswertung mit einem sehr frühen Kontakt des Pferdes mit dem BD-Virus an (KAILER, 1998). Das kann durch eine Gruppenauslaufhaltung in der gerade Fohlen, Jährlinge und Jungpferde mit intensiven sozialen Kontakten aufwachsen, begünstigt werden. Die Ergebnisse der Altersverteilung meiner eigenen Auswertung spiegeln in erster Linie eine exponentiell wachsende, reale Population wieder, die unter relativ konstanten Bedingungen eine stabile Altersstruktur erreicht.

Eine exponentiell wachsende Population besteht größtenteils aus jungen Tieren und zeigt damit die typische Pagoden- oder Pyramidenform. Die Wachstumsrate der Population sowie die altersspezifische Struktur werden durch Mortalität und Fertilität des Individuums bestimmt. Abschließend wird deshalb festgestellt, dass das häufigere Auftreten der Bornaschen Krankheit in den Gruppen der jungen Pferde der 1-bis 3-jährigen, 4-bis 6-jährigen und 7-bis 9-jährigen wahrscheinlich im Zusammenhang mit einer normalen Alterstruktur steht. Danach kommen in einer Population mehr jugendliche Individuen vor, die dadurch zahlenmäßig auch häufiger erkranken können. Die Faktoren der Haltung in Gruppen mit hohem Kontakt zu Artgenossen und Weidehaltung könnten zusätzlich einen begünstigenden Einfluss haben.

5.2.2 Saisonale Rhythmik und säkulare Dynamik

Der saisonalen Rhythmik und säkularen Dynamik im Krankheitsgeschehen der BD gilt eine besondere Aufmerksamkeit. In sämtlichen epidemiologischen Untersuchungen der Bornaschen Krankheit wird sehr früh schon übereinstimmend eine saisonale Rhythmik der Erkrankung beobachtet (ZWICK, 1939; HEINIG, 1969; WAGNER, 1970; GRABNER und FISCHER, 1991; DÜRRWALD, 1993). Eine saisonale Häufung geben UHLIG und DÜRRWALD im Frühjahr und Frühsommer in den Monaten April, Mai und Juni an (UHLIG, 1998; DÜRRWALD et al., 2006). Ein Rückgang der Erkrankung wird zum Jahresende über die Monate August, September, Oktober und November beobachtet Ein erneut messbarer Anstieg der Erkrankungen erfolgt im Dezember bis Februar. Auch die Ergebnisse meiner eigenen Auswertung entsprechen den Angaben in der Literatur. Warum diese spezifische saisonale Rhythmik bei der Bornaschen Krankheit auftritt und welche Hinweise sie gemeinsam mit der säkularen Dynamik zur Aufklärung des immer noch unbekannten Virusreservoirs liefern könnte, sind Gegenstand dieser Diskussion. Die säkulare Dynamik der BD zeigt unterschiedliche Erkrankungsgipfel für die einzelnen Jahre. Jahren mit einer hohen Erkrankungsrate folgen Jahre mit niedrigeren Fallzahlen. Die

Ausprägung von Erkrankungsgipfeln wird mit einem 2-bis 3-jährigem Rhythmus angegeben (ACHTZEHN, 1953; DÜRRWALD, 1993). Meine eigenen Ergebnisse zeigten, dass die Erkrankungsfälle im beobachteten Zeitraum in den einzelnen Jahren variieren und es in unregelmäßigen Abständen von 3 bis 5 Jahren zur Ausprägung einer Erkrankungsspitze kommt. Auffällig ist, dass die Erkrankungszahlen in den Jahren vor 1994 insgesamt deutlich niedriger waren, als in den Jahren nach 1994. Dieses Ergebnis hängt mit großer Wahrscheinlichkeit mit der Erfassung der Daten für die Auswertung zusammen. Diese konnten für die Zeit vor 1994 lediglich einer statistischen Auswertung entnommen werden, während für die Zeit nach 1994 umfangreiches Datenmaterial über die Akten der Bayerischen Tierseuchenkasse zur Verfügung stand. Die genauere Betrachtung der Jahre mit einer ausgeprägten Erkrankungsspitze 1996, 2000, 2005 und 2008 sollte ebenfalls helfen, heraus zu finden, ob das Klima einen Einfluss auf die saisonale Rhythmik und säkulare Dynamik hat. Dafür wurden Berichte des Deutschen Wetterdienstes über die Winter der Jahre von 1960/61 bis 2007/08 in einer Auswertung von HEINEMANN hinzugezogen (HEINEMANN, 2008). So könnte das Klima Auswirkungen auf ein mögliches Virusreservoir wie die Feldspitzmaus, die im Jahr 2006 von HILBE in einer endemischen Region in der Schweiz als Virusträger identifiziert wurde, haben (HILBE et al., 2006). Nach einem möglichen Zusammenhang zwischen saisonaler Rhythmik, säkularer Dynamik, Virusreservoir und klimatischen Verhältnissen wurde gesucht. Auch die von DÜRRWALD in seiner Arbeit dargestellte säkulare Dynamik der BD in den Jahren von 1958 bis 1990 für die verschiedenen Spezies Pferd und Schaf zeigen eine große Ähnlichkeit im Krankheitsablauf und lassen auch auf ein gemeinsames Virusreservoir schließen (DÜRRWALD, 1993). In einer Winterchronik von HEINEMANN über die Kälte der Winter in Deutschland wird festgestellt, dass die Winter überwiegend mild und kurz verlaufen. Niederschläge treten überwiegend in Form von Regen und Schneefälle in der Regel gehäufter nur in den Hochlagen der Mittelgebirge, am Alpenrand und in den höheren Lagen Süddeutschlands auf. Außerdem wird angegeben, dass strenge Winter in Deutschland eher eine Seltenheit sind. Zusätzlich wird für die letzten zwanzig Jahre eine Abschwächung der

Winterintensität aufgrund der fortschreitenden Erwärmung der bodennahen Erdatmosphäre beobachtet (HEINEMANN, 2008) Danach wurde nach acht milden oder normalen Wintern im Jahr 1995/96, der erste lange und kalte Winter des Jahrhunderts mit spät einsetzenden Schneefällen und lang andauernden Bodenfrösten beobachtet. Im darauffolgenden Jahr 1996 wurde eine ausgeprägte Erkrankungsspitze festgestellt. Die Winter 1999/00, 2000/01 sowie 2007/08 wurden hingegen als sehr milde und kurz angegeben. In den Jahren danach (2000, 2001, 2002 und 2008) konnten viele BD-Fälle gezählt werden mit Erkrankungsgipfeln im Jahr 2000 und 2008. Alle anderen Winter im untersuchten Zeitraum verliefen milde oder normal bis kalt. Der Winter 2004/05 zeichnete sich zudem durch einen sehr ausgeprägten Spätwinter aus, mit einer weit bis in den März hinein andauernden Frostperiode.

Die genaue Betrachtung einiger möglicher Borna-Virusträger wie Nager, z.B. Ratten und Mäuse konnte speziell für die Feldspitzmaus vorgestellt werden (HILBE et al., 2006). Nach ihrem Verbreitungsgebiet *(siehe Abbildung 24)* und ihrer artspezifischen Lebensweise wird sie als Virusreservoir diskutiert.

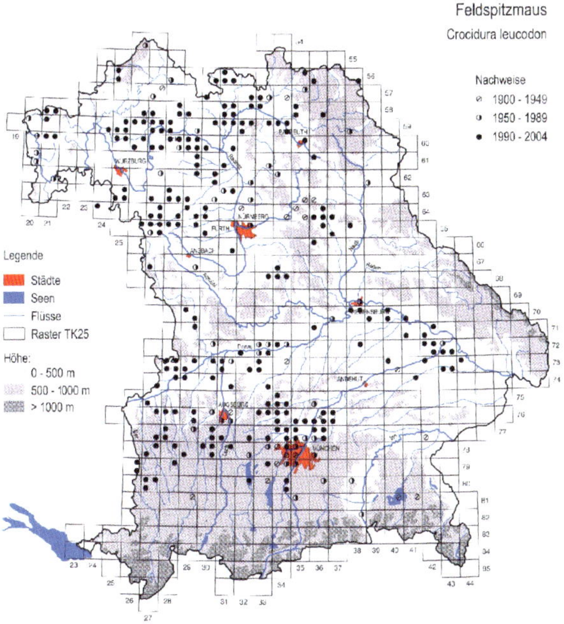

Abb.24: Verbreitungsgebiet der Feldspitzmaus *Crocidura leucodon* in Bayern aus KRAFT (2008) „Mäuse und Spitzmäuse in Bayern"

Die Feldspitzmaus ist ein Bodentier mit bevorzugt waldfreiem Lebensraum wie Gärten, Felder und Grünland. Sie hält keinen Winterschlaf und zieht sich zur Überwinterung gern in feste Gebäude zurück. Die Feldspitzmaus ist ein Einzelgänger, der örtlich gebunden in festen Revieren lebt und sich ab April mit mehreren Würfen im Jahr fortpflanzt. Aufgrund dieser Eigenschaften scheint ein Zusammenhang zwischen den Klimaverhältnissen der Winter mit einem Erkrankungsgipfel im folgenden Jahr möglich. Zunächst kann allgemein festgestellt werden, dass die fortschreitende Klimasituation mit einer durchschnittlichen Temperaturzunahme im Winter, sich begünstigend auf die Vermehrung der Feldspitzmaus auswirken und damit auch zu einer Zunahme der BD-Fälle insgesamt führen könnte. Weiterhin ist denkbar, dass es nach einem außergewöhnlich strengen, lang anhaltenden Winter, wie 1995/96 zu einem verstärkten Rückzug der Tiere in Häuser, Stallgebäude und Scheunen, dem bevorzugten Überwinterungsquartier der Tiere kommt. In diesem Zusammenhang kann es über die Ausscheidungen der Virusträger zu einer Verunreinigung von Futtermitteln kommen, die wiederum über die Aufnahme des Virus zu einer Infektion führen kann. Für den ausgeprägten Spätwinter 2004/05 wäre ein Viruskontakt nach verstärktem Rückzug der Feldspitzmäuse ebenfalls denkbar. Im Weiteren könnten die Abweichungen der saisonalen Rhythmik im Jahr 2005 mit einem deutlichen Anstieg der BD-Fälle im Monat Oktober mit einem verspätet einsetzenden Frühling erklärt werden, der zu einem verzögerten Fortpflanzungsbeginn führt und bis weit in den Herbst hinein reichen könnte. Ein normaler Fortpflanzungszyklus findet bei der Feldspitzmaus gewöhnlich von April bis September statt. KRAFT sieht eine allgemeine Zunahme der Feldspitzmauspopulation durch die veränderten Klimaverhältnisse begünstigt, die mit einer verminderten Embryonensterblichkeit und in der Folge zunehmender Wurfgröße und damit insgesamt einer verbesserten Reproduktionsfähigkeit der Tiere zu sehen ist. So kommt es nach KRAFT beim Weibchen der Hausspitzmaus während eines sehr milden Winters nicht zu einer Regression der Follikel und ein Östrus kann unter günstigen Bedingungen sehr früh einsetzen (KRAFT, 2000).

Eine ähnliche Situation könnte auch als Grund für eine zunehmende Feldspitzmauspopulation angenommen werden und in der Folge zu einem erhöhten Infektionsrisiko mit steigenden Erkrankungszahlen führen. Diese Situation trat in den Jahren 2000, 2001, 2002 und 2008 nach sehr milden Wintern auf.

Ein anderes Nagetier, die Ratte wurde auch immer wieder als möglicher Virusträger in der Literatur diskutiert. KRAFT stellt im Fall der Wanderratte eine flächendeckende Ausbreitung bis zu einer Höhenlage von 800 m fest. Als natürliche Habitate bevorzugen sie Müllplätze, Lagerhäuser, Tierhaltungen städtische Parkanlagen und Abwasserkanäle. Ihre Lebensräume befinden sich hauptsächlich in Siedlungsgebieten, aber auch in Gebieten mit Gewässernähe wie Flussufer. Die Hausratte im Gegensatz zur Wanderratte galt seit langer Zeit landesweit als ausgestorben. Erst zwischen 1995 bis 1997 wurde wieder vereinzelt über das Vorkommen der Hausratte in Bayern berichtet. Ein Zusammenhang der Hausratte mit dem Krankheitsgeschehen der BD wird deshalb ausgeschlossen, da sie kaum noch verbreitet ist und ausschließlich in kleineren, abgeschlossenen Populationen in Gebäuden vorkommt. Der Wanderratte als Virusträger und damit möglichem Überträger sollte aber nach wie vor Beachtung geschenkt werden. Ihre bevorzugten Lebensräume sind sicherlich nicht Ställe und Weiden. Liegen jedoch unhygienische Bedingungen und ein entsprechendes Nahrungsangebot vor, oder besteht eine direkte Nachbarschaft zu Gewässern, wäre ihre Verbreitung auch denkbar. Ihr Vorkommen in Ställen sollte deshalb in Endemiegebieten konsequent überprüft werden.

5.3 Verbreitung der Bornaschen Krankheit in Bayern

Der ausgesprochen endemische Charakter der Bornaschen Krankheit ist bekannt (SCHMIDT, 1952). In einer Untersuchung von WAGNER über die Verbreitung der BD im klassischen Endemiegebiet Bayern werden die Hauptendemiegebiete im Nürnberger Raum mit einem breiten Gürtel befallener Landkreise von der Nordgrenze Bayerns bis an den Alpenrand dargestellt. WAGNER gibt außerdem an, dass der Ostteil Bayerns seuchenfrei blieb. Er stellt eine rückläufige Tendenz der räumlichen Ausdehnung bei steigenden BD-Fallzahlen in den Befallsgebieten fest (WAGNER, 1970). Die umfangreiche Datensammlung über einen längeren Zeitraum in dieser Arbeit wurde genutzt, um das alte Endemiegebiet erneut darzustellen und ein neues Endemiegebiet aufzuzeigen. Begünstigend wirkte dabei, dass in den n=451 untersuchten BD-Fällen nur in einem Fall der Standort des erkrankten Pferdes unbekannt blieb. Die Verbreitung der BD-Fälle in der vorliegenden Auswertung spiegeln zunächst den ausgesprochen territorialen Charakter der Krankheit wider, und die im Zeitraum 1990-1999 dargestellten Fälle bestätigen die in der Literatur als Hauptendemiegebiete angegebenen Regionen im Zentrum von Bayern. Auffällig war im Zeitraum 2000-2009 der leichte Anstieg der BD-Fälle. Außerdem kann eine deutliche Ausdehnung mit Verschiebung des Hauptendemiegebietes dargestellt werden. Im Vergleich zum Zeitraum 1990-1999 ist ein deutlicher Rückgang der BD im Zeitraum 2000-2009 im mittelfränkischen Raum zu verzeichnen. In einigen Landkreisen verminderten sich die Krankheitsfälle deutlich bzw. gingen völlig zurück. Eine Verschiebung der Endemiegebiete nach Südbayern wurde festgestellt. Vor allem die Region um Augsburg erfährt eine deutliche Zunahme der BD-Fälle. Auch eine vorher hinsichtlich BD völlig unbedeutende Region in Niederbayern um die Stadt Landshut wurde im Zeitraum 2000-2009 Hauptendemiegebiet mit hohen BD-Fallzahlen. Die Ursachen für diesen ausgesprochen endemischen Charakter der Krankheit wurden schon von vielen Autoren versucht, zu interpretieren. So werden bestimmte geologische Verhältnisse, die Bodenstruktur oder die Nähe zu bestimmten Flussläufen und der Grundwasserspiegel diskutiert (SCHMIDT, 1952; ACHTZEHN, 1953; HEINIG, 1969). ZIMMERMANN erklärt, die Bornasche Krankheit in Höhenlagen Bayerns ab 700 m nicht nachweisen zu können (ZIMMERMANN, 1953). Die von HILBE als Virusreservoir diskutierte Feldspitzmaus ist nach Analysen von Schleiereulengewöllen durch KRAFT bis 680 m über NN mit einer hohen Beständigkeit in Bayern vertreten (KRAFT, 2008). Die Ergebnisse dieser Analysen stimmen mit den Ergebnissen meiner eigenen Auswertung überein. Hier wird ersichtlich, dass in Gebieten mit einer Höhenlage um 1000 m über NN die Bornasche Krankheit nicht detektiert wurde. Die Regionen der Oberbayerischen und Allgäuer Alpen, das Oberallgäu, Berchtesgadener Land sowie in Ostbayern der Bayerische Wald und im Norden das Fichtelgebirge gehören nicht zum Endemiegebiet. Bornasche Krankheit wurde bisher in diesen Regionen nicht festgestellt. Auch in der älteren Literatur werden keine Angaben bezüglich BD-Fällen in diesen Regionen gemacht. Zusätzlich zeigten sich Regionen in Niederungen wie das untere Maintal im Regierungsbezirk Unterfranken zwischen 1990-2009 fast völlig frei von BD. Die Forschung nach der Ursache dieser regionalen Verbreitung führte bisher zu unbefriedigenden Ergebnissen. Trotz der minimalen Verschiebung und weiteren Ausdehnung des ursprünglichen Endemiegebietes, die sich zudem über einen längeren Zeitraum entwickelte, ist die Bornasche Krankheit territorial verbreitet. Von einem ortsgebundenen Virusreservoir muss weiterhin ausgegangen werden. Vergleichend wurden in dieser Arbeit die Auswertungen von KRAFT über die Verbreitung und Bestandssituation der Feldspitzmaus in Bayern betrachtet *(siehe Abbildung 24)*. Hier konnte festgestellt werden, dass die Feldspitzmaus flächendeckend mit einer hohen Stetigkeit von 98% vorkommt. Ausgenommen von diesem Verbreitungsgebiet sind der gesamte bayerische Alpenraum sowie das Alpenvorland südlich der großen oberbayerischen Seen, der Bayerische Wald und der Oberpfälzer Wald. Für diese Gebiete kann ein Vorkommen der Feldspitzmaus nicht angegeben werden. Damit wird plausibel, dass das Verbreitungsgebiet der Feldspitzmaus dem Endemiegebiet der Bornaschen Krankheit ähnlich ist. Außerdem gibt KRAFT an, dass der Bestand an Feldspitzmäusen im Nordwesten Bayerns besonders drastischen Schwankungen unterlag und die Feldspitzmaus als gefährdete Tierart im Jahre 1992 auf die Rote Liste Bayern in der Kategorie 3 (gefährdet) geführt wurde. Diese Bestandseinbußen waren jedoch ausschließlich auf Populationen im Nordwesten von Bayern beschränkt (KRAFT, 2008). Schwankungen, die auch für das Vorkommen der BD im Nordwesten von Bayern festgestellt werden können. Vielleicht ist so erklärbar, dass die BD im Regierungsbezirk Unterfranken im Zeitraum 1990-1999 fast nicht vorkommt. Nach den Auswertungen von WAGNER wurden jedoch auch Fälle von Bornascher Krankheit im Regierungsbezirk Unterfranken angegeben (WAGNER, 1970). Die nach KRAFT vermutete allgemeine Aufwärtsentwicklung der Feldspitzmaus, die diese thermophile Art in den letzten Jahren durchmacht, soll mit den allgemeinen klimatischen Veränderungen im Sinne einer globalen Erwärmung in Zusammenhang stehen. Möglicherweise liegt darin die Ursache der wenigen BD-Fälle, die zwischen 2000-2009 im Nordwesten von Bayern wieder aufgetreten sind. Mit dem Aufwärtstrend der Feldspitzmauspopulation wäre damit auch die allgemeine Zunahme der BD Fälle zwischen 2000-2009 zu erklären. Ein Beweis dafür liegt jedoch nicht vor und Aufschluss darüber könnten nur großflächige, weiterführende Untersuchungen der Feldspitzmäuse in Bayern geben.

Als Ursache der zunehmenden Fallzahlen muss auch eine steigende Entwicklung der Pferdebestände in Betracht gezogen werden. Vergleichende Zahlen über

Pferdebestände konnten für diese Arbeit lediglich von wenigen Jahren durch die Bayerische Tierseuchenkasse in Erfahrung gebracht werden. Diese waren nicht repräsentativ genug, um in diese Auswertung aufgenommen zu werden. Der Jahresbericht von 2008 der Deutschen Reiterlichen Vereinigung (FN) gibt mit den Zahlen über die Entwicklung der Stutbuchaufnahmen der Reitpferde in Deutschland in den Jahren von 1965 bis 2008 auch nur einen Anhaltspunkt über die zahlenmäßige Veränderung der Pferdebestände. Danach wurde nach einer Ausgangszahl von n=4360 Stutbuchaufnahmen im Jahr 1965 und n=9765 Aufnahmen im Jahr 1990 ein stetig zunehmender Aufwärtstrend mit einer Höchstzahl von n=13584 Stutbuchaufnahmen im Jahr 1995 verzeichnet. Diese Anzahl ging in den folgenden Jahren geringfügig zurück, um sich gleichmäßig in den Jahren 2000 bis 2008 zwischen n=11000 bis n=12000 Stutbuchaufnahmen einzupendeln (FN, 2008). Anhand dieser Zahlen kann sicher festgestellt werden, dass der Pferdebestand insgesamt eine deutliche Zunahme in Deutschland erfahren hat. Die Zahlen im Zeitraum meiner Auswertung von 1990-2009 sind dabei relativ gleichmäßig geblieben und für einen Vergleich mit den BD-Fallzahlen in Bayern nicht aussagekräftig genug, da sie sich auf Gesamtdeutschland beziehen.

5.4 Beurteilung der diagnostischen Methoden

Die Diagnose „Bornasche Krankheit" am lebenden Tier zu stellen, bereitete in der Vergangenheit immer wieder Schwierigkeiten. Die zur Verfügung stehenden Methoden wurden von verschiedenen Forschergruppen kontrovers beurteilt. Die in dieser Arbeit ermittelten BD-Fälle basierten zunächst auf einer histologischen und/oder immunhistologischen Untersuchung und/oder einem Virusnachweis. Die gesicherte Diagnose *post mortem* gab Gelegenheit, die zur Verfügung stehenden Ergebnisse der *intra vitam* Diagnostik zu bewerten. Damit konnte eine diagnostische Sicherheit auch am lebenden Tier erreicht werden.

Die Diagnostik der Bornaschen Krankheit *post mortem* erfolgt über die histopathologische Untersuchung des Gehirns und über einen Nachweis von BDV-

Antigen in der Immunhistologie oder im Westernblot und über einen Virusnachweis in organspezifischem Material. Das histopathologische Bild zeigt eine nichteitrige Meningoenzephalitis mit ausgeprägten lymphozytären, perivaskulären und parenchymatösen Infiltraten. Die sogenannten Joest-Degenschen-Einschlusskörperchen in Ganglienzellen und Astrozyten sind dabei nicht immer nachzuweisen. Der Nachweis von BDV-Antigen im Gehirn mit Hilfe des monoklonalen Antikörpers Bo 18 in der Immunhistologie und mit dem Westernblot ergab in einer Untersuchung von HERDEN in 100% der Fälle eine gesicherte Diagnose (HERDEN et al., 1999). In den n=259 Fällen der vorliegenden Auswertung, in denen *post mortem* eine immunhistologische Untersuchung des Gehirns durchgeführt wurde, lag nur in 4 Fällen ein negatives Ergebnis vor. Eine Erklärung für vereinzelt negative Ergebnisse, bei Untersuchungen mit einem monoklonalen Antikörper, ist die schon 1994 von HERZOG gemachte Beobachtung bei BDV-Varianten. Dabei wird das veränderte Epitop auf dem 38/39 kDa Nukleoprotein einer Virusvariante von dem monoklonalen Antikörper Bo 18 nicht mehr erkannt (HERZOG et al., 1994).

Die Schwierigkeiten der Diagnostik *intra vitam* bestehen vor allem in der klinisch neurologischen Symptomatik, die nur eine Verdachtsdiagnose zulässt, da sie nicht pathognomonisch für diese Erkrankung ist, und auch bei ZNS-Erkrankungen anderer Genese auftreten kann (GRABNER und FISCHER, 1991; GRABNER et al., 2002). Zusätzlich erschweren verschiedene Verlaufsformen, die zu einer unterschiedlichen Ausprägung der klinischen Symptome führen, die Diagnosefindung bei der BD. Aus diesem Grund muss der klinischen Untersuchung eine serologische Untersuchung folgen. Die hierfür angewendeten, unterschiedlichen Methoden werden immer wieder diskutiert. Eine Methode beruht auf einem Double-Sandwich-ELISA Verfahren bei dem auf BDV-spezifische Antikörper im Plasma, Bornavirus-Antigen in den Leukozyten oder im Plasma und zirkulierende Immunkomplexe im Plasma getestet wird (BODE und LUDWIG, 2003; DIECKHÖFER, 2006). Mit diesem Verfahren soll eine „minimalinvasive Methodik" zur Erkennung von BDV-Infektionen mit Aktivierung oder ohne Aktivierung der Virusreplikation und eine Aussage über die

Entwicklungstendenz der Infektion möglich sein (DIECKHÖFER, 2006). Bisher konnten die vielversprechenden Ergebnisse dieser Methode nicht in einer entsprechenden Validitätsstudie überzeugen. Zudem wurde die Zuverlässigkeit des Testverfahrens durch die Untersuchungen anderer Autoren deutlich in Frage gestellt (KONRATH, 2006; MÜLLER und KONRATH, 2006; WOLFF et al., 2006; WOLFF, 2006a; 2006b; HERZOG et al., 2008). Die serologischen Untersuchungen meiner vorliegenden Ergebnisse beruhen ausschließlich auf Untersuchungen mittels des indirekten Immunfluoreszenztestes (IIFT), der als eine zuverlässige Methode zum Nachweis von BDV-Antikörpern anerkannt ist (DANNER, 1976; LUDWIG und THEIN, 1977; BILZER et al., 1996; DONNER, 1998; GRABNER et al., 2002; KONRATH, 2006). Der indirekte Immunfluoreszenztest ist nach ISO 17025 akkreditiert. Danach können mittels IIFT mit einer Sensitivität der Methode von 90% und einer Spezifität von 100% bei einer akuten BDV-Infektion *intra vitam* Antikörper in Serum und CSF nachgewiesen werden. Eine Serokonversion oder ein Titeranstieg um drei bis vier Titerstufen wird ebenfalls als Nachweis geführt (HERZOG et al., 1994; HERZOG et al., 2008). Bei den n=294 untersuchten Seren dieser Studie wurden in n= 264 Seren Antikörper gegen BDV nachgewiesen. Damit lag eine Sensitivität der Methode in meiner eigenen Auswertung von 89.8% vor. Negative Ergebnisse ergaben sich durch eine Vorbehandlung mit immunsupressiven Medikamenten, durch einen perakuten Krankheitsverlauf oder die Untersuchung in der Frühphase einer akuten Erkrankung (GRABNER et al., 2002; HERZOG et al., 2008). Die Ursachen für die negativen Ergebnisse (n=33) bei Erstseren können darauf zurückzuführen sein, dass die Titer noch unter der Nachweisgrenze liegen. Eine Serokonversion wurde in diesen Fällen festgestellt. Ein Anstieg des Antikörpertiters, wurde in n=47 Fällen mit einer Erhöhung um drei bis neun Titerstufen detektiert. Diese hohe Sensitivität des IIFT wird nur mit der Verwendung von persistent BDV-infizierten MDCK-Zellen erreicht.

In früheren Untersuchungen mit anderen Zelllinien kam es zu einer deutlich niedrigeren Sensitivität (GRABNER und FISCHER, 1991). Klinisch auffällige Pferde können deshalb mit dem IIFT *intra vitam* sicher, gegebenenfalls durch eine serologische Folgeuntersuchung erkannt werden. Somit sind auch der Test und die

Ergebnisse von SCHUSSER als fraglich zu bewerten, in denen er in 34/85 Fällen die Diagnose BD *intra vitam* mit dem IIFT nicht stellen konnte (SCHUSSER et al., 2008). In jener Untersuchung wurden keine Angaben über serologische Folgeuntersuchungen gemacht und die verschiedenen Verlaufsformen der BD sowie eine Vorbehandlung mit Kortikosteroiden nicht berücksichtigt.

Die bei einer großen Anzahl klinisch unauffälliger Pferde nachgewiesenen BDV-spezifischen Serumantikörper, können Titer erreichen, die denjenigen der Erkrankten gleichen (LANGE et al., 1987; HERZOG et al., 1994). In einer Untersuchung der Seroprävalenz von KAILER wurde bei Pferden aus Bayern (n=1000) der Anteil der Erkrankten (außer BD) und der klinisch unauffälligen Pferde ermittelt. Der Anteil der seropositiven Reagenten betrug 20.9% bzw. 23.1% (KAILER, 1998). Infolge der diagnostischen Schwierigkeiten kann die Diagnose BD nur nach Vorliegen der typischen Symptomatik und des Nachweises einer Serokonversion oder eines Titeranstieges um 3 bis 4 Stufen oder durch Nachweis von virusspezifischen Antikörpern in Serum und CSF geführt werden. Zusätzlich ist als weiterführende neurodiagnostische Maßnahme die Untersuchung von Cerebrospinalflüssigkeit unerlässlich (HIEPE, 1960; UHLIG A. und KINNE, 1998). Dabei wird bei allen Formen der BD eine entzündungsbedingte Druckerhöhung der CSF festgestellt. Das Vorliegen einer mäßig bis deutlich erhöhten Zellzahl, eine erhöhte Proteinkonzentration, die positive PANDY-Reaktion auf Globuline sowie eine lymphomonozytäre Pleozytose im Objektträgerausstrich weisen auf eine nichteitrige Meningoenzephalitis hin. Für die Untersuchung der CSF auf BDV-spezifische Antikörper mittels IIFT können GRABNER und HERZOG eine Sensitivität von 88% sowie KAILER und DONNER von 100% angeben (DONNER, 1998; KAILER, 1998; GRABNER et al., 2002). Bei seropositiven, nicht an BD erkrankten Pferden werden dagegen keine BDV-Antikörper in der Cerebrospinalflüssigkeit gefunden (KAILER, 1998). Deshalb kann die Diagnose BD durch einen positiven CSF-Befund immer bestätigt werden. Nach BECHTER erfolgt die Bildung von BDV-Antikörpern in der CSF intrathekal und eine Diffusion von Serum-Antikörpern über die Blut-Hirn-Schranke wäre nur bei einer Einblutung und damit gestörten Blut-Hirn-Schranke denkbar (BECHTER et al., 1995).

Das Zentralnervensystem stellt nach dem heutigen Erkenntnisstand eine immunologisch spezialisierte Region dar, die auch als neural-okuläres Immunsystem bezeichnet wird. Danach patrouillieren unter physiologischen Bedingungen regelmäßig aktivierte T- und B- Lymphozyten sowie Makrophagen durch das ZNS. Sie passieren unabhängig von ihrer Spezifität die Blut-Hirn-Schranke und rezirkulieren auf Blut- und Lymphwegen in periphere lymphatische Organe. Im Normalfall löst dieser Vorgang keine Immunreaktion aus. Unter pathologischen Bedingungen, zum Beispiel einer Infektion mit neurogenen Erregern, kommt es wahrscheinlich über infizierte Lymphozyten oder Makrophagen nach Freisetzung von Antigen zu einer lokalen Immunreaktion mit intrathekaler Antikörperbildung im ZNS (ZETTL et al., 2005). Aufgrund dieser lokalen Immunantwort können Liquorantikörper höhere Titer als Serumantikörper erreichen (LUDWIG et al., 1985; GRABNER und FISCHER, 1991). In meiner Auswertung wurden bei n=207 mit dem IIFT untersuchten Cerebrospinalflüssigkeiten in n=176 Fällen BDV-Antikörper nachgewiesen. Die Sensitivität des IIFT kann somit für die CSF mit 85% angegeben werden. Negative Ergebnisse (n=16) lagen entweder bei einer Vorbehandlung mit Kortikosteroiden oder bei perakutem Krankheitsverlauf vor. Auch diese Ergebnisse unterstreichen nochmals die Bedeutung der Liquorpunktion und -entnahme für die Diagnostik der BD. Gerade auch im Hinblick auf die unterschiedlichen Verlaufsformen reicht eine Untersuchung von Serum oft nicht aus. In den n=451 ausgewerteten BD-Fällen konnten n=13 Fälle aufgezeigt werden, bei denen es zu einer Spontanheilung in der akuten Phase der Erkrankung kam. Diese Ergebnisse bestätigen die Beobachtungen von GRABNER, der Spontanheilungen bei weniger schweren Krankheitsverläufen beschreibt (GRABNER et al., 2002). In n=2 Fällen kam es erst in einer späteren Phase der Erkrankung zur Spontanheilung. Der deutlich überwiegende Teil der BD-Fälle zeigt jedoch einen akuten bis subakuten Krankheitsverlauf. In 96% der Fälle führte die Erkrankung in meiner Auswertung zum Tod des Tieres. Davon wiesen 3.5% der Fälle einen perakuten Verlauf der Erkrankung auf und zeigten eine erschwerte Diagnostik.

5.5 Bedeutung des monoklonalen Antikörpers 38/15H7 für die immunhistologische Untersuchung

Die Untersuchungen der Organproben von Pferden mit BD mittels Immunoblots zeigten, dass alle 100 Proben von dem monoklonalen Antikörper 38/15H7 erkannt wurden. Es lag keine Veränderung des Epitops vor, die dazu geführt hätte, dass das 38/39 kDa Protein nicht erkannt worden wäre. Diese Ergebnisse sprechen für eine hohe Konservierung des Epitops. Ähnliche Beobachtungen wurden bei der Untersuchung des monoklonalen Antikörpers Bo 18 gemacht. In nur 2/200 Fällen lag eine Epitopvariante vor (Herzog, persönliche Mitteilung).

Da in der Immunhistologie bisher nur der monoklonale Antikörper Bo 18 eingesetzt wird, und es bei Epitopvarianten zu falsch negativen Ergebnissen kommen kann, sprechen die Untersuchungen dafür, eine Kombination der beiden monoklonalen Antikörper in der Immunhistologie einzusetzen, um falsch negative Ergebnisse auszuschliessen. Die bisherigen Beobachtungen sprechen dagegen, dass es gleichzeitig zu einer Veränderung beider Epitope kommen kann.

6 Zusammenfassung

In der vorliegenden Arbeit wurden n=451 Fälle von an BD erkrankten Pferden im Zeitraum von 1990-2008 in Bayern nach epizootiologischen und diagnostischen Gesichtspunkten ausgewertet. Für n=421 der Fälle wurde die Diagnose BD *post mortem* über eine histologische und/oder immunhistologische Untersuchung, und/oder über einen Virusnachweis gestellt. Von den n=30 nicht *post mortem* untersuchten Fällen zeigten n=15 Fälle eine Spontanheilung. Bei den restlichen 15 Fällen wurde die Diagnose BD ausschließlich über die Ergebnisse der *intra vitam* Diagnostik gestellt. In diesen Krankheitsfällen lag die typische Symptomatik, ein seropositives Titerpaar und/oder eine Untersuchung des Liquor cerebrospinalis vor.
Aufgrund der gesicherten *post mortem* Untersuchung ergab sich die Möglichkeit, zusätzlich Ergebnisse der *intra vitam* Diagnostik zu beurteilen.
Danach konnte die Bedeutung der *intra vitam* Diagnostik aufgezeigt und der indirekte Immunfluoreszenztest (IIFT) als eine zuverlässige Methode zum Nachweis von BDV-Antikörpern dargestellt werden. Die Sensitivität der Untersuchungsmethode für Serum wurde mit 89.8% angegeben.
Des Weiteren wurde dargestellt, dass zur Diagnosefindung ein einmaliger Antikörpernachweis nicht ausreichend ist, und nur ein Titeranstieg um mindestens 3 Stufen innerhalb von 10-14 Tagen, oder eine Serokonversion als Hinweis auf eine akute Infektion angesehen werden kann. In der deutlich überwiegenden Anzahl der Fälle war die Untersuchung der CSF eine diagnostisch unerlässliche Hilfe.
Eine Sensitivität der Untersuchungsmethode im IIFT wurde für die CSF mit 85% ermittelt.
Zusätzlich wurden in dieser Arbeit die unterschiedlichen Verlaufsformen der BD aufgezeigt. Dabei ergab sich in 93.1% der BD-Fälle ein akuter bis subakuter Verlauf, 3.5% der Fälle verliefen perakut und 3.4% zeigten eine Spontanheilung.
Die epidemiologische Untersuchung umfasste eine Auswertung der BD-Fälle nach Rasse, Alter und Geschlecht sowie eine Darstellung der Endemiegebiete. Im

Weiteren wurde eine Auswertung der säkularen Dynamik und saisonalen Rhythmik vorgenommen. Die Untersuchungen zeigen auf, dass die BD bei vielen Rassen vorkommt, mit einer Disposition für die Rassen Warmblut, Pony und Haflinger. Die Ergebnisse der Altersverteilung zeigen das häufigere Auftreten der BD in den Gruppen der jungen Pferde bis 9 Jahre und stehen wahrscheinlich im Zusammenhang mit einer normalen Altersstruktur. Außerdem ergab sich bei der Geschlechtsverteilung ein etwas häufigeres Vorkommen der BD mit 54.9% bei der Stute.

Die Auswertung der Erkrankungsfälle im beobachteten Zeitraum hinsichtlich der säkularen Dynamik weisen darauf hin, dass es in unregelmäßigen Abständen von 3 bis 5 Jahren zur Ausprägung einer Erkrankungsspitze kommt. Die Angaben über die saisonale Rhythmik der BD in der Literatur, mit einer Häufung der BD-Fälle im Frühjahr und Frühsommer in den Monaten April, Mai und Juni und einem Rückgang der Erkrankung zum Jahresende über die Monate August, September, Oktober und November, wurden in dieser Arbeit unterstrichen.

Die Verbreitung der BD bestätigte in der vorliegenden Auswertung den ausgesprochen territorialen Charakter der Krankheit. Außerdem konnte eine deutliche Ausdehnung mit Verschiebung des Hauptendemiegebietes dargestellt werden. Ein Vergleich der Zeiträume 1990-1999 und 2000-2008 zeigt einen deutlichen Rückgang der BD im mittelfränkischen Raum, mit einer Ausdehnung der Endemiegebiete nach Süd- und Ostbayern.

7 Summary

Epizootiological investigations in horses with Borna disease (BD) in Bavaria and description of the monoclonal antibody 38/15H7

In this retrospective study n=451 cases of BD in horses in Bavaria which occurred between 1990 - 2008 were considered for an epizootiologic and diagnostic analysis. 421 cases were diagnosed *post mortem* as having BD through histological examination and/or immunhistologic tests and/or virus detection. Of the thirty cases not confirmed by *post mortem* examination, fifteen showed spontaneous recovery. In the remaining fifteen cases, the diagnosis BD was solely based on results from the *intra vitam* diagnostics. These cases displayed the typical clinical signs, a seropositive titer pair and/or a positive test of the cerebrospinal fluid (CSF). Based on the confirmation by the *post mortem* examinations, it was possible to evaluate the results from the *intra vitam* diagnostic methods. Hereby, the significance of the *intra vitam* diagnostics becomes evident, especially the indirect immunofluorescence test (IIFT) has proven to be a reliable method for the detection of Borna disease virus (BVD) antibodies. The sensitivity of this method for serum is reported to be 89.9%.
Furthermore, it is described, that a single detection of antibodies is not sufficient for a diagnosis, only a rise in the titer of the least three steps, within a period of 10 to 14 days, or a seroconversion can be considered indicative of an acute infection. In the majority of the cases, examinating the CSF was a most valuable diagnostic tool. The sensitivity of the diagnostic method in the IIFT was determined to be 85% for CSF. Additionally, the different progressions of BD are shown in this work. It was found, that 93.1% of the BD cases showed acute to subacute development, 3.5% of the cases progressed peracutely and 3.4% healed spontaneously.
The epidemiological study consists of an analysis of the BD cases by breed, age, and sex as well as a description of the endemic region. Then an analysis of the

secular dynamics and the seasonal rhythm is presented. It is found, that BD affects many breeds, with a disposition for warmbloods, ponies and Haflingers. The results from the age distribution reveal a higher incidence of BD in the group of young horses up to an age of nine years and are most likely related to a normal age structure of the population. The distribution according to sex points to a slightly higher incidence in mares with 54.9%. Evaluation of the secular dynamics of BD during the monitored time span, indicate that there is a rise in cases every 3 - 5 years. This study shows a seasonal increase of BD cases during spring and early summer (April, May, June) and a decrease during August, September, October and November as stated in literature. The study also confirms that BD is a territorial disease. Furthermore, an enlargement as well as a shift of the main endemic area was shown. When comparing the 1990 – 1999 time span to that of 2000 – 2008 a remission of BD cases in the district of Mittelfranken becomes visible, whereas the endemic region expanded to southern and eastern Bavaria.

II Literaturverzeichnis

ACHTZEHN, W. (1953): Bornasche Krankheit bei Pferden in den Jahren 1950 -1952 im Vergleich mit den Krankheitsfällen von 1900 - 1950 im Lande Sachsen-Anhalt. Universität Leipzig, Diss. pp 57.

ALTMANN, D.; H. KRONBERGER; K.-F. SCHÜPPEL; R. LIPPMANN; I. ALTMANN (1976): Bornasche Krankheit (Meningo-Encephalomyelitis simplex enzootica equorum) bei Neuwelttylopoden und Equiden. Int Symp Erkrnkg Zootiere. Innsbruck, In Ippen R, Schröder, H.-D.(eds.): Verhaltensbericht XIII. pp 127-132.

AMSTERDAM, J.D.; A. WINOKUR; W. DYSON; S. HERZOG; F. GONZALEZ; R. ROTT; H. KOPROWSKI (1985): Borna disease virus. A possible etiologic factor in human affective disorders? Arch Gen Psych 42 (11). pp 1093-6.

BAHMANI, M.K.; I. NOWROUZIAN; T. NAKAYA; Y. NAKAMURA; K. HAGIWARA; H. TAKAHASHI; M.A. RAD; K. IKUTA (1996): Varied prevalence of Borna disease virus infection in Arabic, thoroughbred and their cross-bred horses in Iran. Virus Res 45 (1). pp 1-13.

BECHTER, K. (1998): Virushypothesen der Schizophrenie. Die Medizinische Welt 49. pp 176-181.

BECHTER, K. (1999): Borna disease in humans-speculations and controversies. Pharmacopsych 32 (1). pp 44-6.

BECHTER, K.; S. HERZOG; W. BEHR; R. SCHÜTTLER (1995): Investigations of cerebrospinal fluid in Borna diseasevirus seropositive psychiatric patients. Eur Psychiatry 10. pp. 250-258.

BECHTER, K.; S. HERZOG; J.A. RICHT; R. SCHÜTTLER (1997): Pathogenicity of Borna disease virus in psychiatric and neurologic disorders of humans. Current status of research and critical comments]. Nervenarzt 68 (5). pp. 425-30.

BECHTER, K.; R. SCHÜTTLER (1989): Zur viralen Ätiologie psychiatrischer Krankheiten. psycho 15. pp. 37-42.

BILZER, T.; A. GRABNER; L. STITZ (1996): Immunpathologie der Borna-Krankheit beim Pferd: klinische, virologische und neuropathologische Befunde. Tierärztl Prax 24. pp. 567-76.

BILZER, T.; O. PLANZ; W.I. LIPKIN; L. STITZ (1995): Presence of CD4+ and CD8+ T cells and expression of MHC class I and MHC class II antigen in horses with Borna disease virus-induced encephalitis. Brain Pathol 5 (3). pp. 223-30.

BILZER, T.; L. STITZ (1993): Brain cell lesions in Borna disease are mediated by T cells. Arch Virol Suppl 7. pp. 153-8.

BILZER, T.; L. STITZ (1994): Immune-mediated brain atrophy. CD8+ T cells contribute to tissue destruction during borna disease. J Immunol 153 (2). pp. 818-23.

BINDER, U.; A. GRABNER (1999): Ist die Bornasche Krankheit beim Pferd therapierbar? Is Borna Disease (BD) in horses treatable? 8.Jahrestagung FG, Innere Medizin und klinische Laboratoriumsdiagnostik München.

BODE, L. (1995): Human infections with Borna disease virus and potential pathogenic implications. Curr Top Microbiol Immunol 190. pp. 103-30.

BODE, L.; D.E. DIETRICH; R. STOYLOFF; H.M. EMRICH; H. LUDWIG (1997): Amantadine and human Borna disease virus in vitro and in vivo in an infected patient with bipolar depression. Lancet 349 (9046). pp. 178-9.

BODE, L.; R. DÜRRWALD; P. KOEPPEL; H. LUDWIG (1994): Neue Aspekte der equinen Borna-Virus-Infektion mit und ohne Krankheit. Prak Tierarzt 75. pp. 1065-1068.

BODE, L.; R. DÜRRWALD; F.A. RANTAM; R. FERSZT; H. LUDWIG (1996): First isolates of infectious human Borna disease virus from patients with mood disorders. Mol Psychiatry 1 (3). pp. 200-12.

BODE, L.; H. LUDWIG (2003): Borna disease virus infection, a human mental-health risk. Clin Microbiol Rev 16 (3). pp. 534-45.

BODE, L.; P. RECKWALD; W.E. SEVERUS; R. STOYLOFF; R. FERSZT; D.E. DIETRICH; H. LUDWIG (2001): Borna disease virus-specific circulating immune complexes, antigenemia, and free antibodies-the key marker triplet determining infection and prevailing in severe mood disorders. Mol Psychiatry 6 (4). pp. 481-91.

BORNAND, J.V.; R. FATZER; K. MELZER; D. GONIN JMAA; P. CAPLAZI; F. EHRENSBERGER (1998): A case of Borna disease in a cat. Euro J Vet Pathol 4. pp. 33-35.

BRIESE, T.; A. SCHNEEMANN; A.J. LEWIS; Y.S. PARK; S. KIM; H. LUDWIG; W.I. LIPKIN (1994): Genomic organization of Borna disease virus. Proc Natl Acad Sci U S A 91 (10). pp. 4362-6.

CAPLAZI, P.; K. MELZER; R. GOETZMANN; A. ROHNER-COTTI; V. BRACHER; K. ZLINSZKY (1999): Die Bornasche Krankheit in der Schweiz und im Fürstentum Liechtenstein. Schweiz Arch Tierheil 141. pp. 521-527.

CAPLAZI, P.; A. WALDVOGEL; L. STITZ; U. BRAUN; F. EHRENSPERGER (1994): Borna disease in naturally infected cattle. J Comp Pathol 111 (1). pp. 65-72.

CARBONE, K.M.; C.S. DUCHALA; J.W. GRIFFIN; A.L. KINCAID; O. NARAYAN (1987): Pathogenesis of Borna disease in rats: evidence that intra-axonal spread is the major route for virus dissemination and the determinant for disease incubation. J Virol 61 (11). pp. 3431-40.

CARBONE, K.M.; C.S. DUCHALA; O. NARAYAN (1988): Borna disease. An immunopathologic response to viral infection in the CNS. Ann N Y Acad Sci 540. pp. 661-2.

CARBONE, K.M.; T.R. MOENCH; W.I. LIPKIN (1991): Borna disease virus replicates in astrocytes, Schwann cells and ependymal cells in persistently infected rats: location of viral genomic and messenger RNAs by in situ hybridization. J Neuropathol Exp Neurol 50 (3). pp. 205-14.

CUBITT, B.; J.C. DE LA TORRE (1994): Borna disease virus (BDV), a nonsegmented RNA virus, replicates in the nuclei of infected cells where infectious BDV ribonucleoproteins are present. J Virol 68 (3). pp. 1371-81.

CUBITT, B.; C. OLDSTONE; J.C. DE LA TORRE (1994): Sequence and genome organization of Borna disease virus. J Virol 68 (3). pp. 1382-96.

CUBITT, B.; C. OLDSTONE; J. VALCARCEL; J. CARLOS DE LA TORRE (1994): RNA splicing contributes to the generation of mature mRNAs of Borna disease virus, a non-segmented negative strand RNA virus. Virus Res 34 (1). pp. 69-79.

DANNER, K. (1976): Laboratory diagnosis of Borna disease. Demonstration of antibodies in the central nervous system. Zentralbl Veterinärmed B 23 (10). pp. 865-867.

DANNER, K. (1978): Bornasche Krankheit. Prak Tierarzt 10. pp. 748-752.

DANNER, K., Ed. (1982): Borna-Virus und Borna-Infektionen. Vom Miasma zum Modell. Stuttgart: Enke Verlag

DANNER, K.; K. LUTHGEN; M. HERLYN; A. MAYR (1978): Comparative studies on the demonstration and formation of serum antibodies against the Borna virus. Zentralbl Veterinärmed B 25 (5). pp. 345-55.

DANNER, K.; A. MAYR (1979): In vitro studies on Borna virus. II. Properties of the virus. Arch Virol 61 (4). pp. 261-71.

DE LA TORRE, J.C. (1994): Molecular Biology of Borna Disease Virus: Prototype of a New Group of Animal Viruses. J Virol 68 (12). pp. 7669-7675.

DE LA TORRE, J.C.; D. GONZALEZ-DUNIA; B. CUBITT; M. MALLORY; N. MUELLER-LANTZSCH; F.A. GRASSER; L.A. HANSEN; E. MASLIAH (1996): Detection of borna disease virus antigen and RNA in human autopsy brain samples from neuropsychiatric patients. Virol 223 (2). pp. 272-82.

DESCHL, U.; L. STITZ; S. HERZOG; K. FRESE; R. ROTT (1990): Determination of immune cells and expression of major histocompatibility complex class II antigen in encephalitic lesions of experimental Borna disease. Acta Neuropathol (Berl) 81 (1). pp. 41-50.

DEXLER, H. (1900): Pathologisch-anatomische Untersuchungen über die Bornasche Krankheit. Z Thiermed 4. pp. 110-123.

DIECKHÖFER, R. (2006): Epidemiologische Untersuchungen zur equinen BDV-Infektion, der Bornaschen Krankheit beim Pferd, der Therapie und die dazugehörige aktuelle Gesetzessituation in Deutschland. FU Berlin, Diss. pp. 165.

DIECKHÖFER, R.; L. BODE; H. LUDWIG (2004): Bornavirus (BDV) beim Pferd - Klinik Diagnostik und Therapie bei einem lokalen Infektionsgeschehen im Saarland und tierseuchenrechtliche Betrachtungen. Tierärztl Umsch 59 (10). pp. 1-11.

DONNER, E.-M. (1998): Epizootiologische und labordiagnostische Untersuchungen zur Ausscheidung des Virus der Bornaschen Krankheit und zur Antikörperkinetik bei Pferden aus Beständen mit Infektion. LMU München Diss. pp. 116.

DÜRRWALD, R. (1993): Die natürliche Borna-Virus-Infektion der Einhufer und Schafe Untersuchungen zur Epidemiologie zu neueren diagnostischen Methoden (ELISA, PCR) und zur Antikörperkinetik bei Pferden nach Vakzination mit Lebendimpfstoff. FU Berlin, Diss. pp. 156.

DÜRRWALD, R.; J. KOLODZIEJEK; S. HERZOG; N. NOWOTNY (2007): Meta-analysis of putative human bornavirus sequences fails to provide evidence implicating Borna disease virus in mental illness. Rev Med Virol 17 (3). pp. 181-203.

DÜRRWALD, R.; J. KOLODZIEJEK; A. MULUNEH; S. HERZOG; N. NOWOTNY (2006): Epidemiological pattern of classical Borna disease and regional genetic clustering of Borna disease viruses point towards the existence of to-date unknown endemic reservoir host populations. Microbes Infect 8 (3). pp. 917-29.

DÜRRWALD, R.; H. LUDWIG (1997): Borna disease virus (BDV), a (zoonotic?) worldwide pathogen. A review of the history of the disease and the virus infection with comprehensive bibliography. Zentralbl Veterinärmed B 44 (3). pp. 147-84.

ELFORD, J.W.; I.A. GALLOWAY (1933): Filtration of the virus of borna disease through graded collodion membranes. Br J Exp Path 14. pp. 196-205.

ERNST, W.; H. HAHN (1927): Weitere Beiträge zur Borna'schen Krankheit der Pferde und zur Frage der Aetiologie des bösartigen Katarrhalfiebers d. Rinder. Münch Tierärztl Wschrift 78 (6). pp. 85-89.

FERSZT, R.; E. SEVERUS; L. BODE; M. BREHM; K.P. KUHL; H. BERZEWSKI; H. LUDWIG (1999): Activated Borna disease virus in affective disorders. Pharmacopsychiatry 32 (3). pp. 93-8.

FLUESS, M. (2002): Ein Beitrag zur Epidemiologie der Bornaschen Krankheit. Justus-Liebig-Universität Gießen, Diss. 110 pp.

FN (2007). Jahresbericht 2007 der Deutschen Reiterlichen Vereinigung Bundesverband für Pferdesport und Pferdezucht. http://www.pferd-aktuell.de/Anlage59430/Jahresbericht2007.pdf.

FN (2008). Jahresbericht 2008 der Deutschen Reiterlichen Vereinigung Bundesverband für Pferdesport und Pferdezucht. http://www.pferd-aktuell.de/Anlage75136/Jahresbericht2008.pdf.

GELLERT (1995): Das Pferd ist anfänglich traurig - ein geschichtlicher Abriß der Bornaschen Krankheit. Tierärztl Prax 23. pp. 207-216.

GOERTTLER, V.; K. VÖHRINGER (1954): Die Behandlung der Bornaschen Krankheit der Pferde mit Sulfonamiden. Monatsh Vet Med 9. pp. 245-252.

GONZALEZ-DUNIA, D.; B. CUBITT; F.A. GRASSER; J.C. DE LA TORRE (1997): Characterization of Borna disease virus p56 protein, a surface glycoprotein involved in virus entry. J Virol 71 (4). pp. 3208-18.

GONZALEZ-DUNIA, D.; C. SAUDER; J.C. DE LA TORRE (1997): Borna Disease Virus and the Brain. Brain Res 44. pp. 647-664.

GRABNER, A. (1999): New methods in the treatment of infections of the CNS: Filtration of cerebrospinal fluid. Kongressbericht M.I.C.E.M. Maastricht.

GRABNER, A. (2001): Bornavirusinfektion und Bornasche Krankheit (Borna Disease, BD) - ein Update. Equitana. Essen.

GRABNER, A.; A. FISCHER (1991): Symptomatologie und Diagnostik der Borna-Enzephalitis des Pferdes. Tierärztl Prax 19. pp. 68-73.

GRABNER, A.; S. HERZOG (1999): Borna-Virus-Infektion und Bornasche Krankheit beim Pferd. Epidemiologie, Klinik, Diagnostik und therapeutische Ansätze. 19. Bayerischer Tierärztetag. 13.-16. Mai 1999, München.

GRABNER, A.; S. HERZOG; H. LANGE-HERBST; K. FRESE (2002): Die Intra-vitam-Diagnose der Bornaschen Krankheit (BD) bei Equiden. Pferdeheilkunde 18. pp. 579-586.

HAGIWARA, K.; M. ASAKAWA; L. LIAO; W. JIANG; S. YAN; J. CHAI; Y. OKU; K. IKUTA; M. ITO (2001): Seroprevalence of Borna disease virus in domestic animals in Xinjiang, China. Vet Microbiol 80 (4). pp. 383-9.

HATALSKI, C.G.; S. KLICHE; L. STITZ; W.I. LIPKIN (1995): Neutralizing Antibodies in Borna Disease Virus-Infected Rats. J Virol 69 (2). pp. 741-747.

HEINEMANN, H.-J. (2008): Eine Winterchronik Die Kälte der Winter in Deutschland von 1960/61 bis 2007/08. Berichte des Deutschen Wetterdienstes 232 Selbstverlag des Deutschen Wetterdienstes.

HEINIG, A. (1964): Zur experimentellen Infektion von Pferden und Schafen mit dem Virus der Bornaschen Krankheit. Arch Exp.Vet Med 18. pp. 753-766.

HEINIG, A., Ed. (1969): Handbuch der Virusinfektionen bei Tieren: G. Fischer Verlag, Jena (Die Bornasche Krankheit der Pferde und Schafe)

HERDEN, C.; S. HERZOG; T. WEHNER; M.C. ZINK; J. RICHT; K. FRESE (1999): Comparison of Different Methods of Diagnosing Borna Disease in Horses Post Mortem. Equine Infect. Disease 8 (9). pp. 286-290.

HERZOG, S.; E.M. DONNER; K. FRESE; W. SCHMAHL; A. GRABNER (1998): Epizootiologische Untersuchungen zur Ausscheidung und zur Ausbreitung des Virus der Bornaschen Krankheit. Arbeitstagung der Fachgruppe "Pferdekrankheiten". 19.-20.03. 1998 Wiesbaden.

HERZOG, S.; K. FRESE; R. ROTT (1991): Studies on the genetic control of resistance of black hooded rats to Borna disease. J Gen Virol 72 (Pt 3). pp. 535-40.

HERZOG, S.; C. HERDEN; K. FRESE; A. GRABNER (2008): Diagnostik der BDV-Infektion beim Pferd: Widersprüche zwischen Intra-vitam- und Post-mortem-Untersuchungen. Pferdeheilkunde 24 (6). pp. 766-774.

HERZOG, S.; K.FRESE; J.A.RICHT; R.ROTT (1994): Ein Beitrag zur Epizootiologie der Bornaschen Krankheit beim Pferd. Wien Tierärztl Mschr. 81. pp. 374-379.

HERZOG, S.; C. KOMPTER; K. FRESE; R. ROTT (1984): Replication of Borna disease virus in rats: age-dependent differences in tissue distribution. Med Microbiol Immunol 173. pp. 171-177.

HERZOG, S.; I. PFEUFFER; K. HABERZETTL; H. FELDMANN; K. FRESE; K. BECHTER; J.A. RICHT (1997): Molecular characterization of Borna disease virus from naturally infected animals and possible links to human disorders. Arch Virol Suppl 13. pp. 183-190.

HERZOG, S.; R. ROTT (1980): Replication of Borna disease virus in cell cultures. Med Microbiol Immunol 168 (3). pp. 153-158.

HERZOG, S.; K. WONIGEIT; K. FRESE; H.J. HEDRICH; R. ROTT (1985): Effect of Borna disease virus infection on athymic rats. J Gen Virol 66 (Pt 3). pp. 503-508.

HIEPE, T. (1960): Die Bedeutung der Liquoruntersuchung für die Neurodiagnostik bei Pferd und Schaf. Zblt Veterinärmed 7 (2). pp. 152-159.

HILBE, M.; R. HERRSCHE; J. KOLODZIEJEK; N. NOWOTNY; K. ZLINSZKY; F. EHRENSPERGER (2006): Shrews as reservoir hosts of borna disease virus. Emerg Infect Dis 12 (4). pp. 675-677.

HIRANO, N.; M. KAO; H. LUDWIG (1983): Persistent, tolerant or subacute infection in Borna disease virus-infected rats. J Gen Virol 64 (Pt 7). pp. 1521-30.

ISOSHIMA, G.; K. IWAHASHI; K. AMENO; M. ITOH; K. NAKAMURA (1998): Detection of Borna Disease Virus RNA in autopsied brain samples of schizophrenic patients. J Br Scie 24. pp. 73-80.

JOEST, E.; K. DEGEN (1909): Über eigentümliche Kerneinschlüsse der Ganglienzellen bei der enzootischen Gehirn-Rückenmarksentzündung der Pferde. Zft Infektionkrank Hst 6. pp. 348-356.

JOEST, E.; K. DEGEN (1911): Untersuchungen über die pathologische Histologie, Pathogenese und postmortale Diagnose der seuchenhaften Gehirn-Rückenmarksentzündung (Bornaschen Krankheit) des Pferdes. Zft Infektkrank Hst 9. pp. 1-98.

KAILER, S. (1998): Nachweis von Antikörpern gegen das Virus der Bornaschen Krankheit bei Pferden mit verschiedenen Primärkrankheiten. LMU München, Diss. pp 96.

KAO, M.; A.N. HAMIR; C.E. RUPPRECHT; Z.F. FU; V. SHANKAR; H. KOPROWSKI; B. DIETZSCHOLD (1993): Detection of antibodies against Borna disease virus in sera and cerebrospinal fluid of horses in the USA. Vet Rec 132 (10). pp. 241-244.

KIM, Y.K.; S.H. KIM; S.-H. CHOI; Y.-H. KO (1999): Failure to demonstrate Borna disease virus genome in peripheral mononuclear cells from psychiatric patients in Korea. J NeuroVirol 5. pp. 196-199.

KISHI, M.; T. NAKAYA; Y. NAKAMURA; Q. ZHONG; K. IKEDA (1995): Demonstration of human Borna disease virus RNA in human peripheral blood mononuclear cells. FEBS Lett 364. pp. 293-297.

KLICHE, S.; T. BRIESE; A.H. HENSCHEN; L. STITZ; W.I. LIPKIN (1994): Characterization of a Borna disease virus glycoprotein, gp18. J Virol 68 (11). pp. 6918-6923.

KONRATH, A. (2006): Untersuchungen zur Epizootiologie der Bornaschen Krankheit bei Pferden und Schafen. Veterinärmedizinische Fakultät der Universität Leipzig, Diss. pp 124.

KRAFT, R. (2000): Ehemalige und aktuelle Verbreitung von Hausspitzmaus, Crocidura russula (Hermann, 1780), und Gartenspitzmaus, Crocidura suaveolens (Pallas, 1811), in Bayern. Bonn.zool.Beitr. 49 (1-4). pp. 115-129.

KRAFT, R., Ed. (2008): Mäuse und Spitzmäuse in Bayern: Eugen Ulmer Verlag.

KREY, H.; H. LUDWIG; R. ROTT (1979): Spread of infectious virus along the optic nerve into the retina in Borna disease virus-infected rabbits.Arch Virol 61 (4). pp. 283-288.

LÄMMLI, U.K. (1970): Clearange of structural proteins during the assembly of the head of bacteriophage T4. Nature 227. pp. 680-684.

LANGE, H.; S. HERZOG; W. HERBST; T. SCHLIESSER (1987): Seroepidemiologische Untersuchungen zur Bornaschen Krankheit (Ansteckende Gehirn-Rückenmarkentzündung) der Pferde. Tierärztl Umsch 42. pp. 938-946.

LEBELT, J. (1995): Untersuchung zur Bornavirus-Infektion im Haupt-Endemiegebiet. Universität Leipzig, Diss. pp 150.

LIEB, K. (1997): No Borna disease virus-specific RNA detected in blood from psychiatric patients in different regions of Germany. Lancet 350 (4). pp. 1002.

LOHMANN, M. (2003): Untersuchungen zur experimentellen Infektion von Schafen und Ratten mit verschieden BORNA DISEASE Virusisolaten. Justus-Liebig-Universität Gießen, Diss.

LUDWIG, H.; H. BECHT (1977): Borna, the Disease-A Summary of Our Present Knowledge. In Ter Meulen V. Katz M (eds):Slow virus infection of the nervous system. Investigational approaches to etiology and pathogenesis of these disease., Springer Verlag, New York pp 75-83.

LUDWIG, H.; L. BODE (2000): Borna disease virus: new aspects on infection, disease, diagnosis and epidemiology. Rev Sci Tech 19 (1). pp. 259-288.

LUDWIG, H.; W. KRAFT; M. KAO; G. GOSZTONYI; E. DAHME; H. KREY (1985): Borna-Virus-Infektion (Borna-Krankheit) bei natürlich und experimentell infizierten Tieren: ihre Bedeutung für Forschung und Praxis. Tierärztl Prax 13 pp. 421-453.

LUDWIG, H.; P. THEIN (1977): Demonstration of specific antibodies in the central nervous system of horses naturally infected with Borna disease virus. Med Microbiol Immunol 163 (4). pp. 215-226.

LUDWIG, T.H.; H. BECHT; L. GROH (1973): Borna disease (BD), a slow virus infection. Biological properties of the virus. Med Microbiol Immunol 158 (4). pp. 275-289.

LUNDGREN, A.L.; W. ZIMMERMANN; L. BODE; G. CZECH; G. GOSZTONYI; R. LINDBERG; H. LUDWIG (1995): Staggering disease in cats: isolation and characterization of the feline Borna disease virus. J Gen Virol 76 (Pt 9). pp. 2215-22.

MALKINSON, M.; Y. WEISMAN; E. ASHASH; L. BODE; H. LUDWIG (1993): Borna disease in ostriches. Vet Rec 133 (12). pp. 304.

MATTHIAS, D. (1953): Beitrag zum Infektionsmodus der Bornaschen Krankheit der Pferde. Arch Exp.Vet Med 7. pp. 313-318.

MATTHIAS, D. (1954): Der Nachweis von latent infizierten Pferden, Schafen und Rindern und deren Bedeutung als Virusreservoir bei der Bornaschen Krankheit. Arch Exp.Vet Med 8. pp. 506-511.

MATTHIAS, D. (1955): Neue Forschungsergebnisse bei der Bornaschen Krankheit der Pferde. Mhft. Vet Med 10. pp. 123-126.

MATTHIAS, D. (1958): Weitere Untersuchungen zur Bornaschen Krankheit der Pferde und Schafe. Arch Exp.Vet Med 12. pp. 920-947.

METZLER, A. (1977): Die Diagnose der natürlichen Bornavirus-Infektion bei Schafen und Pferden. Ein Vergleich verschiedener Methoden. Universität Zürich, Diss.

METZLER, A.; F. EHRENSPERGER; R. WYLER (1978): [Natural borna virus infection in rabbits]. Zentralbl Veterinärmed B 25 (2). pp. 161-164.

METZLER, A.; U. FREI; K. DANNER (1976): Virologisch gesicherter Ausbruch der Bornaschen Krankheit in einer Schafherde der Schweiz. Schweiz Arch Tierheilkd 118 (11). pp. 483-492.

MORALES, J.A.; S. HERZOG; C. KOMPTER; K. FRESE; R. ROTT (1988): Axonal transport of Borna disease virus along olfactory pathways in spontaneously and experimentally infected rats. Med Microbiol Immunol 177 (2). pp. 51-68.

MÜLLER, H.; A. KONRATH (2006): Labordiagnostik der Bornaschen Krankheit. Leipziger Tierärztekongress. Leipzig.

NAKAMURA, K.; M. KISHI; T. NAKAYA; S. ASAHI; H. TANAKA; H. SENTSUI; K. IKEDA; K. IKUTA (1995): Demonstration of Borna disease virus RNA in peripheral blood mononuclear cells from healthy horses in Japan. Vaccine 13. pp. 1076-1079.

NAKAMURA, Y.; S. ASAHI; T. NAKAYA; M.K. BAHMANI; S. SAITOH; K. YASUI; H. MAYAMA; K. HAGIWARA; C. ISHIHARA; K. IKUTA (1996): Demonstration of borna disease virus RNA in peripheral blood mononuclear cells derived from domestic cats in Japan. J Clin Microbiol 34 (1). pp. 188-191.

NARAYAN, O.; S. HERZOG; K. FRESE; H. SCHEEFERS; R. ROTT (1983a): Pathogenesis of Borna disease in rats: immune-mediated viral ophthalmoencephalopathy causing blindness and behavioral abnormalities. J Infect Dis 148 (2). pp. 305-315.

NITZSCHKE, E. (1963): Untersuchungen über die experimentelle Bornavirus-Infektion bei der Ratte. Zbl Vet Med 10. pp. 470-527.

NÖSKE, K.; T. BILZER; O. PLANZ; STITZ (1998): Virus-Specific CD4+ T Cells Eliminate Borna Disease Virus from the Brain via Induction of CD8+ T Cells. J Virol. pp. 4387-4395.

NOWOTNY, N.; H. WEISSENBÖCK (1995): Description of Feline Nonsupperative Meningoencephalomyelitis ("Staggering Disease") and Studies of Its Etiology. J Clin Microb 33. pp. 1668-1669.

NOWOTNY, N.; H. WEISSENBÖCK; A. SUCHY; J. KOLODZIEJEK; H. LUSSY; J. WINDHABER (1998): Borna disease virus infections in Austria. Bornavirus Meeting 27.-29. September Freiburg.

OTTA, J.; K.-D. JENTZSCH (1960): Spontane Infektion mit dem Virus der Bornaschen Krankheit bei Kaninchen. Mhft Vet Med 15. pp. 127-129.

PAULI, G.; J.-P. GREGERSEN; H. LUDWIG (1984): Plaque/Focus Immunoassay: a simple Method for Detecting Antiviral Monoclonal or Other Antibodies and Viral antigens in Cells. J Immunol Methods 74. pp. 337-344.

PAULI, G.; J. GRUNMACH; H. LUDWIG (1984): Focus-immunoassay for Borna disease virus-specific antigens. Zentralbl Veterinärmed B 31 (7). pp. 552-557.

PLANZ, O.; T. BILZER; M. SOBBE; L. STITZ (1993): Lysis of major histocompatibility complex class I-bearing cells in Borna disease virus-induced degenerative encephalopathy. J Exp Med 178 (1). pp. 163-174.

PLANZ, O.; T. BILZER; L. STITZ (1995): Immunopathogenic role of T-cell subsets in Borna disease virus-induced progressive encephalitis. J Virol 69 (2). pp. 896-903.

PRIETSCH (1896): Gehirn-Rückenmarksentzündung der Pferde in der Amtshauptmannschaft Grimma. Mitteilungen aus den Berichten der Bezirkstierärzte auf das Jahr 1896. Berl Veterinärwesen Königreich Sachsen 41. pp. 126-127.

REEVES, N.A.; C.R. HELPS; D.A. GUNN-MOORE; C. BLUNDELL; P.L. FINNEMORE; G.R. PEARSON; D.A. HARBOUR (1998): Natural Borna disease virus infection in cats in the United Kingdom. The Vet Rec 143. pp. 523-526.

RICHT, J.A.; R.C. ALEXANDER; S. HERZOG; D.C. HOOPER; R. KEAN; S. SPITSIN; K. BECHTER; R. SCHUTTLER; H. FELDMANN; A. HEISKE; Z.F. FU; B. DIETZSCHOLD; R. ROTTH. KOPROWSKI (1997): Failure to detect Borna disease virus infection in peripheral blood leukocytes from humans with psychiatric disorders. J Neurovirol 3 (2). pp. 174-178.

ROTT, R.; H. BECHT (1995): Natural and experimental Borna disease in animals. Curr Top Microbiol Immunol 190. pp. 17-30.

ROTT, R.; S. HERZOG; B. FLEISCHER; A. WINOKUR; J. AMSTERDAM; W. DYSON; H. KOPROWSKI (1985): Detection of serum antibodies to Borna disease virus in patients with psychiatric disorders. Science 228 (4700). pp. 755-756.

ROTT, R.; S. HERZOG; J. RICHT; L. STITZ (1988): Immune-mediated pathogenesis of Borna disease. Zentralbl Bakteriol Mikrobiol Hyg [A] 270 (1-2). pp. 295-301.

RUBIN, S.A.; T.A. YEDNOCK; K.M. CARBONE (1998): In vivo treatment with anti-alpha4 integrin suppresses clinical and pathological evidence of Borna disease virus infection. J Neuroimmunol 84 (2). pp. 158-163.

SAUDER, C.; A. MÜLLER; B. CUBITT; J. MAYER; J. STEINMETZ; W. TRABERT; B. ZIEGLER; K. WANKE; N. MUELLER-LANTZSCH; J.C. DE LA TORREF.A. GRASSER (1996): Detection of Borna disease virus (BDV) antibodies and BDV RNA in psychiatric patients: evidence for high sequence conservation of human blood-derived BDV RNA. J Virol 70 (11). pp. 7713-7724.

SCHÄDLER, R.; H. DIRINGER; H. LUDWIG (1985): Isolation and characterization of a 14500 molecular weight protein from brains and tissue cultures persistently infected with borna disease virus. J Gen Virol 66 (Pt 11). pp. 2479-2484.

SCHMIDT, J. (1912): Untersuchungen über das klinische Verhalten der seuchenhaften Gehirnrückenmarksentzündung (Bornasche Krankheit) des Pferdes nebst Angaben über diesbezügliche therapeutische Versuche. Berl Tierärztl Wschrift 28. pp. 581-586, 597-603.

SCHMIDT, J. (1952): Die Bornakrankheit des Pferdes. 55 Jahre Forschung und Lehre. Arch Exp Vet Med 6. pp. 177-187.

SCHUSSER, G.F.; A. KONRATH; H. MÜLLER; A. RICHTER; A. UHLIG (2008): Bornasche Krankheit aus klinischer Sicht: Vergleich serologischer und immunhistologischer Ergebnisse. 4. Leipziger Tierärztkongress. 17.-19.01.2008 Leipzig.

SCHWEMMLE, M. (1999): Sequence similarities between human bornavirus isolates and laboratory strains question human origin. Lancet 354 (4). pp. 1973-1974.

SCHWEMMLE, M. (2001): Borna disease virus infection in psychiatric patients: are we on the right track? Lancet 1. pp. 46-52.

SHANKAR, V.; M. KAO; A.N. HAMIR; H. SHENG; H. KOPROWSKI; B. DIETZSCHOLD (1992): Kinetics of virus spread and changes in levels of several cytokine mRNAs in the brain after intranasal infection of rats with Borna disease virus. J Virol 66 (2). pp. 992-998.

SIEDAMGROTZKY, A.; M. SCHLEGEL (1896): Zur Kenntnis der seuchenartigen Cerebrospinalmeningitis der Pferde. Arch Tierheil 22. pp. 287-332.

STAMER, S. (2002): Charakterisierung eines Borna Disease Virus-spezifischen T-Zell-Epitops der Lewis Ratte und Einsatz dieses Epitops in Immunisierungsexperimenten. Justus-Liebig-Universität Gießen, Diss. pp. 173.

STITZ, L. (1991): Immunintervention bei der Borna-Krankheit. Tierärztl Prax 19. pp. 509-514.

STITZ, L.; T. BILZER; O. PLANZ (2002): The immunpathogenesis of Borna disease virus infection. Front Biosci 7. pp. 541-555.

STITZ, L.; J. RICHT; R. ROTT (1991): Immunpathogenese der Borna-Krankheit. Tierärztl Prax 19. pp. 267-270.

STITZ, L.; M. SOBBE; T. BILZER (1992): Preventive Effects of Early Anti-CD4 or Anti-CD8 Treatment on Borna Disease in Rats. J Virol 66 (6). pp. 3316-3323.

STITZ, L.; D. SOEDER; U. DESCHL; K. FRESE; R. ROTT (1989): Inhibition of immune-mediated Meningoencephalitis in persistently Borna Disease Virus-infected rats by Cyclosporin A. J Immunol 143 (12). pp. 4250-4256.

STOYLOFF, R.; T. BRIESE; K. BORCHERS; W. ZIMMERMANN; H. LUDWIG (1994): N-glycosylated protein(s) are important for the infectivity of Borna disease virus (BDV). Arch Virol 137 (3-4). pp. 405-409.

STOYLOFF, R.; A. STRECKER; L. BODE; P. FRANKE; H. LUDWIG; F. HUCHO (1997): The glycosylated matrix protein of Borna disease virus is a tetrameric membrane-bound viral component essential for infection. Eur J Biochem 246 (1). pp. 252-7.

SUCHY, A.; H. WEISSENBÖCK; P. CAPLAZI; S. HERZOG; N. NOWOTNY (2000): Equine Borna Disease in Austria: Evidence for a New Endemic Area of the Natural Disease. Equi Prac 22.

THIEDEMANN, N.; P. PRESEK; R. ROTT; L. STITZ (1992): Antigenic relationship and further characterization of two major Borna disease virus-specific proteins. J Gen Virol 73 pp. 1057-1064.

THIERER, J.; H. RIEHLE; O. GREBENSTEIN; T. BINZ; S. HERZOG; N. THIEDEMANN; L. STITZ; R. ROTT; F. LOTTSPEICH; H. NIEMANN (1992): The 24K protein of Borna disease virus. J Gen Virol 73 (Pt 2). pp. 413-416.

UHLIG, A. (1998): Epizootiologische Situation im Mitteldeutschen Raum und klinisches Bild. Tierärztekongress. Leipzig 16.-17.10.1998.

UHLIG A.; J. KINNE (1998): Neurologische Befunde bei Pferden mit Bornascher Krankheit. Prakt.Tierarzt. pp. 33-36.

VON SPROCKHOFF, H. (1954a): Untersuchungen über die Komplementbindungsreaktion bei der Borna'schen Krankheit. Zentralbl. Veterinärmed 1. pp. 494-503.

VON SPROCKHOFF, H. (1954b): Untersuchungen über den Nachweis von komplementbindenden Antikörpern bei bornavirus-infizierten Pferden und Kaninchen. Zentralbl. Veterinärmed 1. pp. 870-877.

WAGNER, D. (1970): Untersuchungen über die Verbreitung der Bornaschen Krankheit in Bayern und über das Vorkommen von Antikörpern im Serum von Pferden, Rindern, Schafen und Schweinen in Bornagebieten. LMU München, Diss. pp. 38.

WALTHER (1899): Gehirn-Rückenmarksentzündung bei Pferden und Schafen in der Amtshauptmannschaft Borna. Mitteilungen aus den Berichten der Bezirkstierärzte auf das Jahr 1899. Ber Veterinärwesen Königreich Sachsen 44. pp. 80.

WEHNER, T.; A. RUPPERT; C. HERDEN; K. FRESE; H. BECHT; J.A. RICHT (1997): Detection of a novel Borna disease virus-encoded 10 kDa protein in infected cells and tissues. J Gen Virol 78 (Pt 10). pp. 2459-66.

WEIGAND, K.; A. GRABNER (1997): Equine protozoäre Myeloenzephalitis bei einem importierten Paint-Horse. Pferdeheilkunde 13. pp. 231-235.

WEISSENBÖCK, H.; N. NOWOTNY; P. CAPLAZI; J. KOLODZIEJEK; F. EHRENSPERGER (1998): Borna disease in a dog with lethal meningoencephalitis. J Clin Microbiol 36 (7). pp. 2127-2130.

WEISSENBÖCK, H.; A. SUCHY; P. CAPLAZI; S. HERZOG; N. NOWOTNY (1998): Borna disease in Austrian horses. Vet Rec 143 (1). pp. 21-22.

WERNER, B. (2000): Untersuchungen zur Übertragung des Virus der Bornaschen Krankheit beim Pferd. LMU München, Diss. pp. 126.

WOLFF, T. (2006a): Absence of Borna virus in human blood. J Clin Virol 36. pp. 314.

WOLFF, T. (2006b): Presence of Borna disease virus (BDV)-specific structural components in human blood plasma. J Clin Virol 36. pp. 312-313.

WOLFF, T.; G. HEINS; G. PAULI; R. BURGER; R. KURTH (2006): Failure to detect Borna disease virus antigen and RNA in human blood. J Clin Virol 36 (4). pp. 309-311.

WOLFF, T.; R. PFLEGER; T. WEHNER; J. REINHARDT; J.A. RICHT (2000): A short leucine-rich sequence in the Borna disease virus p10 protein mediates association with the viral phospho- and nucleoproteins. J Gen Virol 81 (Pt 4). pp. 939-947.

ZETTL, K.U.; R. LEHMITZ; E. MIX, Eds. (2005): Klinische Liquordiagnostik: de Gruyter Verlag.

ZIMMERMANN, G. (1953): Ein Beitrag zur Epizootiologie der BK in Bayern, in den Jahren 1948-1952. LMU München, Diss.

ZWICK, W., Ed. (1939): Handbuch der Viruskrankheiten: G. Fischer Verlag, Jena (Bornasche Krankheit und Enzephalomyelitis der Tiere; 2)

ZWICK, W.; O. SEIFRIED (1925): Uebertragbarkeit der seuchenhaften Gehirn-und Rückenmarksentzündung des Pferdes (Borna'schen Krankheit) auf kleine Versuchstiere (Kaninchen). Berl Tierärztl Wschrift 41. pp. 129-132.

ZWICK, W.; O. SEIFRIED; J. WITTE (1927): Experimentelle Untersuchungen über die seuchenhafte Gehirn-und Rückenmarksentzündung der Pferde (Bornasche Krankheit). Zft Infektkrankh Hst 30. pp. 42-136.

ZWICK, W.; O. SEIFRIED; J. WITTE (1928): Weitere Untersuchungen über die seuchenhafte Gehirn-Rückenmarksentzündung der Pferde (Bornasche Krankheit). Zft Infektkrankh Hst 32. pp. 150-179.

III Abbildungsverzeichnis

IV Tabellenverzeichnis

V Abkürzungen

°C	Grad Celsius
Abb.	Abbildung
Ag	Antigen
Ak	Antikörper
Aqua bidest	doppelt destilliertes Wasser
BD	borna disease
BDV	borna disease virus (Virus der Bornaschen Krankheit)
BDV-RNA	Ribonukleinsäure des Virus der Bornaschen Krankheit
BH	black hooded
BK	Bornasche Krankheit
bzw.	beziehungsweise
cAg	Zell-Antigen
$CD4^+$-T-Zelle	CD4-Antigen tragende Zelle
$CD8^+$-T-Zelle	CD8-Antigen tragende Zelle
CIC	zirkulierende Immunkomplexe
CSA	Cyclosporin A
CSF	Cerebrospinalflüssigkeit
ELISA	Enzym linked immunosorbent assay
FKS	Fetales Kälberserum
FN	Deutsche Reiterliche Vereinigung
GMEM	Glasgow minimal essential medium
gp	Glykoprotein
i. c.	intra cerebral
IIFT	indirekter Immunfluoreszenztest
kb	Kilobasen
kDa	kiloDalton
m	Meter

M	molar
mA	Milliampere
mAk	monoklonaler Antikörper
MDCK-cells	Madine darby canine kidney cells
mg	Milligramm
MHC	Major histocompatibility complex
ml	Milliliter
mM	Millimolar
µg	Mikrogramm
µl	Mikroliter
n	Anzahl der Pferde oder Probanden
nm	nanometer
ORF	Offener Leserahmen (open reading frame)
p	Protein
pAg	Plasma-Antigen
PBMC	peripheral blood mononuclear cells
PBS	phosphat buffered saline
PCR	Polymerase-Kettenreaktion (polymerase chain reaction)
p. i.	*post infectionem*
PVDF	Polyvinylidenfluorid
SDS-Page	Sodiumdodecylsulfat Polyacrylamidgelelektrophorese
RNA	Ribonukleinsäure
rpm	Umdrehungen pro Minute (rounds per minute)
RT-PCR	Reverse Transcriptase/Polymerasekettenreaktion
Tab.	Tabelle
UV	ultraviolett
V	Volt
Wbl.	Warmblut
z.B.	zum Beispiel
ZNS	Zentrales Nervensystem

VI Anhang

Monat der Erkrankung	Jahr der Erkrankung	Alter in Jahren	Rasse /Detail	Geschlecht	PLZ	Antikörpertiter		Virusnachweis(Immunoblot, PCR)			Nachweis von Virusantigen Immunhistologie Gehirn	Histologie	Regierungsbezirk
						Serum	Liquor	Retina	Sehnerv	Gehirn			
Mai	1990	3	Haflinger	Hengst	87679	negativ	negativ	n.u.	n.u.	n.u.	n.u.	positiv	Schwaben
Juni	1990	13	Appaloosa	Wallach	86949	negativ	positiv	n.u.	n.u.	n.u.	n.u.	positiv	Oberbayern
Oktober	1990	8	Bay.Wbl.	Stute	80539	negativ	negativ	n.u.	n.u.	n.u.	positiv	positiv	Oberbayern
Januar	1991		unbekannt	unbekannt	86316	1:10	negativ	n.u.	positiv	n.u.	positiv	positiv	Schwaben
März	1991	2	Halbblut	Hengst	95508	positiv	positiv	n.u.	n.u.	n.u.	positiv	positiv	Oberpfalz
Juli	1991	2	unbekannt	Stute	92364	n.u.	n.u.	n.u.	n.u.	positiv	positiv	positiv	Oberpfalz
Februar	1992	1	Quarter Horse	Stute	91230	negativ	n.u.	n.u.	n.u.	n.u.	n.u.	positiv	Mittelfranken
März	1992	11	Bay.Wbl.	Wallach	84434	1:160	1:2	n.u.	n.u.	positiv	n.u.	positiv	Oberbayern
März	1992	12	Bay.Wbl.	Wallach	82239	1:20	n.u.	n.u.	n.u.	n.u.	n.u.	positiv	Oberbayern
April	1992	10	Traber	Wallach	91154	1:80	1:2	n.u.	n.u.	n.u.	n.u.	positiv	Mittelfranken
Mai	1992	7	Warmblut	Wallach	91413	1:5	n.u.	n.u.	n.u.	positiv	positiv	positiv	Mittelfranken
Mai	1992	10	Bay.Wbl.	Stute	85092	1:10	1:8	n.u.	n.u.	n.u.	n.u.	positiv	Oberbayern
Mai	1992	14	Araber	Stute	86150	negativ	1:2	n.u.	n.u.	n.u.	n.u.	positiv	Schwaben
Juli	1992	12	Traber	Wallach	85049	n.u.	n.u.	n.u.	n.u.	n.u.	positiv	positiv	Oberbayern
Juli	1992	13	unbekannt	Stute	94437	1:10	n.u.	n.u.	n.u.	n.u.	positiv	positiv	Niederbayern
Juli	1992		Pony	Stute	92331	n.u.	n.u.	n.u.	n.u.	positiv	positiv	positiv	Oberpfalz
August	1992	7	Oldenburger	Stute	90584	1:10	1:40	n.u.	n.u.	n.u.	n.u.	positiv	Mittelfranken
März	1993		unbekannt	Stute	90592	1:160	1:2	n.u.	n.u.	positiv	positiv	positiv	Mittelfranken
März	1993		unbekannt	Stute	90592	1:10	n.u.	n.u.	n.u.	positiv	positiv	positiv	Mittelfranken
März	1993		unbekannt	unbekannt	86480	1:160	n.u.	n.u.	n.u.	positiv	positiv	positiv	Schwaben
April	1993	4	Bay.Wbl.	Wallach	93164	1:40	1:32	n.u.	n.u.	n.u.	n.u.	positiv	Oberpfalz
April	1993	11	estfälisches Warmb	Stute	85283	1:20	1:64	n.u.	n.u.	n.u.	positiv	positiv	Oberbayern
April	1993	9	Haflinger	Stute	86485	1:20	1:32	n.u.	n.u.	n.u.	n.u.	positiv	Schwaben
Mai	1993		unbekannt	Stute	91735	n.u.	n.u.	n.u.	n.u.	positiv	positiv	positiv	Mittelfranken
Mai	1993	4	unbekannt	Stute	86316	1:40	1:128	n.u.	n.u.	positiv	positiv	positiv	Oberbayern
Mai	1993	7	Esel	Wallach	85253	1:160	1:128	n.u.	n.u.	n.u.	n.u.	positiv	Oberbayern
Mai	1993	17	Welsh Pony	Hengst	85386	1:40	1:64	n.u.	n.u.	n.u.	n.u.	positiv	Oberbayern
Juni	1993	4	Dt Reitpony	Stute	90584	1:5 / 1:10	negativ	n.u.	n.u.	n.u.	positiv	positiv	Oberbayern
Januar	1994		unbekannt	Stute	86316	1:80	n.u.	n.u.	n.u.	positiv	positiv	positiv	Schwaben
Januar	1994	3	Trakehner	Stute	82205	1:40	1:2	n.u.	n.u.	n.u.	n.u.	positiv	Oberbayern
Februar	1994		unbekannt	unbekannt	82269	1:80	1:32	positiv	n.u.	positiv	positiv	positiv	Oberbayern
Februar	1994	7	Bay.Wbl.	Wallach	90762	1:40	1:2	n.u.	n.u.	n.u.	n.u.	positiv	Mittelfranken
März	1994	10	Shetland Pony	Stute	85077	n.u.	n.u.	n.u.	n.u.	n.u.	positiv	positiv	Oberbayern
März	1994	15	Shetland Pony	Stute	85077	1:40	1:320	n.u.	n.u.	n.u.	positiv	positiv	Oberbayern
März	1994		unbekannt	Stute	86316	1:20	n.u.	n.u.	n.u.	positiv	postiv	positiv	Schwaben
April	1994	1	Shetland Pony	Stute	85123	1:320	1:256	positiv	n.u.	positiv	n.u.	positiv	Oberbayern
Mai	1994		unbekannt	Stute	86316	1:1280	1:16	n.u.	n.u.	positiv	positiv	positiv	Schwaben

Mai	1994		unbekannt	unbekannt	90602	1:40	1:4	positiv	n.u.	positiv	positiv	n.u.	Oberpfalz
Mai	1994	6	Pony	Wallach	91607	1:640	1:512	positiv	n.u.	positiv	positiv	positiv	Mittelfranken
Mai	1994	6	Ungar.Wbl.	Stute	82239	1:80	1:8	positiv	n.u.	positiv	n.u.	positiv	Oberbayern
Mai	1994	8	Araber	Stute	91126	1:40	1:8	n.u.	n.u.	n.u.	positiv	positiv	Mittelfranken
Juni	1994	2	Kaltblut	Stute	86483	1:160	1:16	n.u.	n.u.	n.u.	n.u.	n.u.	Schwaben
Juni	1994	6	Bay.Wbl.	Wallach	91413	1:320	1:32	n.u.	n.u.	n.u.	n.u.	n.u.	Mittelfranken
Juni	1994	12	Haflinger	Stute	91589	n.u.	n.u.	n.u.	n.u.	n.u.	positiv	positiv	Mittelfranken
Juli	1994	1	unbekannt	unbekannt	91477	1:160	n.u.	n.u.	n.u.	positiv	positiv	positiv	Mittelfranken
September	1994	11	Haflinger	Stute	86485	1:160	1:32	positiv	n.u.	positiv	positiv	positiv	Schwaben
Oktober	1994	15	Oldenburger	Stute	92670	n.u.	n.u.	n.u.	n.u.	n.u.	positiv	positiv	Oberpfalz
November	1994	3	Traber	Hengst	82054	1:160	1:2	n.u.	n.u.	n.u.	n.u.	positiv	Oberbayern
November	1994	6	Traber	Stute	82256	1:40	1:32	n.u.	n.u.	n.u.	n.u.	positiv	Oberbayern
Dezember	1994	8	Pony	Wallach	93152	1:160	n.u.	n.u.	n.u.	n.u.	n.u.	positiv	Oberpfalz
Dezember	1994	4	Bay.Wbl.	Stute	95709	n.u.	n.u.	n.u.	n.u.	n.u.	n.u.	positiv	Oberfranken
Dezember	1994	8	Kaltblut	Stute	92289	n.u.	n.u.	n.u.	n.u.	n.u.	n.u.	positiv	Oberpfalz
Januar	1995	2	Haflinger	Hengst	84095	>1:10	n.u.	n.u.	n.u.	n.u.	positiv	positiv	Niederbayern
Januar	1995	3	Bay.Wbl.	Stute	85445	1:80	n.u.	positiv	n.u.	n.u.	n.u.	n.u.	Oberbayern
Februar	1995	1	Kaltblut	Hengst	91580	n.u.	n.u.	n.u.	n.u.	n.u.	n.u.	positiv	Mittelfranken
Februar	1995	2	Haflinger	Stute	86483	1:80	1:128	positiv	n.u.	positiv	positiv	positiv	Schwaben
März	1995	11	Araber	Wallach	91448	n.u.	n.u.	n.u.	n.u.	n.u.	n.u.	positiv	Mittelfranken
März	1995	2	Bay.Wbl.	Stute	91207	n.u.	n.u.	n.u.	n.u.	n.u.	n.u.	positiv	Mittelfranken
April	1995	8	Pony	Stute	92331	1:320	1:32	positiv	n.u.	positiv	positiv	positiv	Oberpfalz
April	1995	6	Hannoveraner	Stute	85410	1:320	1:128	positiv	n.u.	n.u.	positiv	positiv	Oberbayern
April	1995	3	Araber	Hengst	84172	negativ	n.u.	n.u.	n.u.	n.u.	positiv	positiv	Niederbayern
April	1995	3	Traber	Hengst	80539	1:640	1:128	n.u.	n.u.	n.u.	positiv	positiv	Oberbayern
Mai	1995	8	Holländ.Wbl.	Wallach	91353	1:320	1:128	n.u.	n.u.	positiv	n.u.	positiv	Oberfranken
Mai	1995	2	Bay.Wbl.	Stute	82272	n.u.	n.u.	n.u.	n.u.	n.u.	positiv	positiv	Oberbayern
Juni	1995	13	Fjord Pferd	Stute	85232	1:640	n.u.	n.u.	n.u.	n.u.	positiv	positiv	Oberbayern
Juni	1995	3	Araber	Hengst	86879	1:640	n.u.	n.u.	n.u.	n.u.	positiv	positiv	Schwaben
Juli	1995	4	Haflinger	Wallach	86399	1:20 / 1:1280	1:256	negativ	n.u.	positiv	positiv	positiv	Schwaben
Juli	1995	2	Warmblut	Stute	85410	negativ	n.u.	n.u.	n.u.	n.u.	positiv	positiv	Oberbayern
Oktober	1995	7	Warmblut	Stute	86507	1:320 / 1:640	1:256	n.u.	n.u.	positiv	n.u.	positiv	Schwaben
Oktober	1995	13	Bay.Wbl.	Wallach	91320	1:160 / 1:320	1:16	positiv	n.u.	positiv	positiv	positiv	Oberfranken
Oktober	1995	13	Hannoveraner	Wallach	91054	1:80	1:2	n.u.	n.u.	positiv	positiv	positiv	Mittelfranken
November	1995		Pony	Stute	unbekann	1:80	n.u.	positiv	positiv	n.u.	positiv	positiv	unbekannt
November	1995	16	Fjord Pferd	Stute	91490	n.u.	n.u.	n.u.	n.u.	n.u.	n.u.	positiv	Mittelfranken
November	1995	9	Welsh Pony	Stute	86926	1:80	1:8	positiv	n.u.	positiv	n.u.	positiv	Oberbayern
Dezember	1995	6	Warmblut	Stute	91625	n.u.	n.u.	n.u.	n.u.	n.u.	n.u.	positiv	Mittelfranken
Januar	1996	15	Warmblut	Wallach	85128	1:160 / 1:320	1:128	positiv	n.u.	positiv	n.u.	positiv	Oberbayern
Januar	1996	3	Warmblut	Hengst	87719	1:320 / 1:640	1:128	positiv	positiv	positiv	n.u.	n.u.	Schwaben
Januar	1996	12	Warmblut	Stute	95476	n.u.	n.u.	n.u.	n.u.	n.u.	n.u.	positiv	Oberpfalz

Februar	1996	20	Haflinger	Wallach	85072	1:80	n.u.	negativ	negativ	n.u.	negativ	positiv	Oberbayern
Februar	1996	4	Fjord Pferd	Stute	86470	1:320	1:64	n.u.	n.u.	positiv	positiv	positiv	Schwaben
Februar	1996	3	Shetland Pony	Wallach	86937	n.u.	n.u.	n.u.	n.u.	n.u.	positiv	positiv	Oberbayern
Februar	1996	4	Haflinger	Stute	92289	n.u.	n.u.	n.u.	n.u.	n.u.	positiv	positiv	Oberpfalz
März	1996	5	Haflinger	Wallach	92342	1:160	1:128	positiv	n.u.	positiv	positiv	positiv	Oberpfalz
März	1996	1	Shetland Pony	Stute	85435	1:320	1:256	positiv	n.u.	positiv	positiv	positiv	Oberbayern
März	1996	30	Araber	Wallach	91227	n.u.	n.u.	n.u.	n.u.	n.u.	n.u.	positiv	Mittelfranken
April	1996	5	Bay.Wbl.	Stute	91459	n.u.	n.u.	n.u.	n.u.	n.u.	n.u.	positiv	Mittelfranken
April	1996	8	Traber	Stute	82291	1:80	1:64	n.u.	n.u.	n.u.	n.u.	positiv	Oberbayern
April	1996	6	Dt.Reitpony	Stute	85396	1:10	1:16	n.u.	n.u.	n.u.	n.u.	positiv	Oberbayern
April	1996	1	Welsh Pony	Stute	86925	n.u.	n.u.	n.u.	n.u.	n.u.	positiv	positiv	Oberbayern
Mai	1996	3	Bay.Wbl.	Stute	86938	1:40	1:32	n.u.	n.u.	positiv	positiv	positiv	Oberbayern
Mai	1996	10	Warmblut	Stute	84416	1:80	1:32	positiv	n.u.	positiv	n.u.	positiv	Oberbayern
Mai	1996	14	Dt.Reitpony	Stute	91186	1:320	1:64	positiv	n.u.	positiv	positiv	positiv	Mittelfranken
Mai	1996	7	Quarter Horse	Wallach	86807	1:640	1:256	positiv	n.u.	positiv	n.u.	positiv	Schwaben
Mai	1996	21	Haflinger	Stute	86470	1:320	1:512	positiv	n.u.	positiv	n.u.	positiv	Schwaben
Mai	1996	9	Warmblut	Wallach	90513	1:160	n.u.	n.u.	n.u.	n.u.	n.u.	positiv	Mittelfranken
Juni	1996	4	Bay.Wbl.	Stute	86673	1:1280	1:512 / 1:1024	negativ	n.u.	positiv	n.u.	positiv	Oberbayern
Juni	1996	3	Bay.Wbl.	Stute	85111	1:80	1:8	negativ	n.u.	positiv	positiv	positiv	Oberbayern
Juni	1996	9	Pony	Stute	86381	1:320	n.u.	positiv	positiv	n.u.	positiv	positiv	Schwaben
Juli	1996	9	Haflinger	Stute	85072	1:320	1:16	positiv	n.u.	positiv	positiv	positiv	Oberbayern
Juli	1996	4	Shetland Pony	Stute	95466	n.u.	n.u.	n.u.	n.u.	n.u.	n.u.	positiv	Oberfranken
Juli	1996	19	Haflinger	Stute	87719	1:40 / 1:160	n.u.	n.u.	n.u.	positiv	positiv	positiv	Schwaben
Juli	1996	13	Bay.Wbl.	Stute	92339	1:160	1:32	n.u.	n.u.	positiv	positiv	positiv	Oberbayern
August	1996	5	Araber	Wallach	90592	1:160	1:128	n.u.	n.u.	n.u.	positiv	positiv	Mittelfranken
August	1996	6	Haflinger	Stute	91805	n.u.	n.u.	n.u.	n.u.	n.u.	n.u.	positiv	Mittelfranken
August	1996	5	Warmblut	Stute	84030	1:160	1:128	positiv	n.u.	positiv	positiv	positiv	Niederbayern
September	1996	3	Halbblut	Stute	85376	n.u.	n.u.	n.u.	n.u.	n.u.	positiv	positiv	Oberbayern
Oktober	1996	6	Fjord Pferd	Wallach	91599	n.u.	n.u.	n.u.	n.u.	n.u.	n.u.	positiv	Mittelfranken
November	1996		unbekannt	Hengst	86150	n.u.	n.u.	n.u.	n.u.	n.u.	positiv	n.u.	Schwaben
November	1996	15	Bay.Wbl.	Stute	82299	1:160	n.u.	n.u.	n.u.	n.u.	positiv	positiv	Oberbayern
Januar	1997	5	unbekannt	Stute	80539	1:80	n.u.	positiv	n.u.	positiv	positiv	n.u.	Oberbayern
Februar	1997	2	Pony	Stute	84326	n.u.	n.u.	n.u.	n.u.	n.u.	positiv	positiv	Niederbayern
Februar	1997	5	Bay.Wbl.	Hengst	91622	1:10	negativ	positiv	n.u.	positiv	positiv	positiv	Mittelfranken
Februar	1997	16	Pony	Stute	86977	n.u.	n.u.	n.u.	n.u.	n.u.	positiv	positiv	Oberbayern
März	1997	7	Bay.Wbl.	Stute	92355	1:160	1:2	n.u.	n.u.	positiv	n.u.	positiv	Oberpfalz
März	1997	7	Bay.Wbl.	Wallach	89343	1:40 / 1:80	1:64	n.u.	n.u.	positiv	n.u.	positiv	Schwaben
April	1997	4	Traber	Wallach	82291	n.u.	n.u.	n.u.	n.u.	n.u.	positiv	positiv	Oberbayern
April	1997	11	Bay.Wbl.	Stute	87752	1:10	1:16	positiv	positiv	n.u.	positiv	positiv	Schwaben
April	1997	1	Haflinger	Stute	91738	n.u.	n.u.	n.u.	n.u.	n.u.	n.u.	positiv	Mittelfranken
April	1997	13	Warmblut	Wallach	82396	n.u.	n.u.	positiv	n.u.	positiv	positiv	positiv	Oberbayern

Mai	1997	11	Bay.Wbl.	Stute	84171	1:40	1:8	positiv	n.u.	positiv	n.u.	positiv	Niederbayern
Juni	1997	3	Quarter Horse	Wallach	85080	negativ / 1:40 / 1:160	negativ / 1:4	positiv	n.u.	positiv	n.u.	positiv	Oberbayern
Juni	1997	15	Hannoveraner	Wallach	95119	n.u.	n.u.	n.u.	n.u.	n.u.	positiv	positiv	Oberfranken
Juni	1997	15	Quarter Horse	Hengst	82064	1:40 / 1:160	1:256 / 1:512	positiv	n.u.	positiv	n.u.	positiv	Oberbayern
August	1997	2	Vollblut	Hengst	80539	1:80	n.u.	positiv	n.u.	positiv	positiv	positiv	Oberbayern
November	1997	16	Warmblut	Wallach	86477	n.u.	n.u.	n.u.	n.u.	n.u.	positiv	positiv	Schwaben
Dezember	1997	2	Appaloosa	Hengst	85107	1:5 / 1:80	negativ	positiv	n.u.	positiv	positiv	positiv	Oberbayern
Dezember	1997	12	Haflinger	Wallach	91448	1:40	n.u.	n.u.	n.u.	n.u.	n.u.	positiv	Mittelfranken
Dezember	1997	8	Warmblut	Wallach	82110	n.u.	n.u.	n.u.	n.u.	n.u.	positiv	positiv	Oberbayern
Januar	1998	12	Bay.Wbl.	Stute	86438	negativ / 1:10 / 1:160 / 1:640	n.u.	n.u.	n.u.	n.u.	positiv	positiv	Schwaben
Januar	1998	8	Quarter Horse	Stute	85716	n.u.	n.u.	n.u.	n.u.	n.u.	positiv	positiv	Oberbayern
Januar	1998	8	Appaloosa	Wallach	91589	n.u.	n.u.	n.u.	n.u.	n.u.	n.u.	positiv	Mittelfranken
Januar	1998	8	Araber	Wallach	84169	1:10 / 1:20 / 1:40	positiv	positiv	n.u.	positiv	positiv	positiv	Niederbayern
Februar	1998	6	Bay.Wbl.	Stute	85290	n.u.	n.u.	n.u.	n.u.	n.u.	positiv	positiv	Oberbayern
Februar	1998	2	Zwergmaultier	Stute	89364	1:320 / 1:640 / 1:1280	1:64	positiv	n.u.	positiv	positiv	positiv	Schwaben
Februar	1998	8	Pony	Stute	85088	n.u.	n.u.	n.u.	n.u.	n.u.	positiv	positiv	Oberbayern
März	1998	15	Warmblut	Wallach	86899	1:320	1:64	positiv	n.u.	n.u.	n.u.	n.u.	Oberbayern
März	1998	8	Bay.Wbl.	Stute	86415	1:20 / 1:40	1:4	n.u.	n.u.	n.u.	n.u.	positiv	Schwaben
April	1998	22	Bay.Wbl.	Stute	86609	n.u.	n.u.	n.u.	n.u.	n.u.	n.u.	positiv	Schwaben
Mai	1998	4	Bay.Wbl.	Stute	90408	negativ / 1:10	1:2	positiv	n.u.	positiv	positiv	positiv	Mittelfranken
Mai	1998	20	unbekannt	Stute	86489	1:20 / 1:160	n.u.	n.u.	n.u.	n.u.	positiv	positiv	Schwaben
Mai	1998	13	Haflinger	Stute	94315	n.u.	n.u.	n.u.	n.u.	n.u.	positiv	positiv	Niederbayern
Mai	1998	9	Pony	Wallach	86476	1:160 / 1:640	1:128	positiv	n.u.	positiv	n.u.	positiv	Schwaben
Juni	1998	6	Bay.Wbl.	Stute	86551	negativ / 1:80	1:32	n.u.	n.u.	positiv	positiv	positiv	Schwaben
Juni	1998	4	Haflinger	Stute	91126	n.u.	n.u.	n.u.	n.u.	n.u.	n.u.	positiv	Mittelfranken
Juni	1998	1	Fjord Pferd	Stute	89436	1:640	1:1024	n.u.	n.u.	n.u.	n.u.	positiv	Schwaben
Juli	1998	8	Pony	Wallach	89341	1:20	1:4	n.u.	n.u.	positiv	n.u.	n.u.	Schwaben
Juli	1998	8	Traber	Wallach	89438	1:160 / 1:2500 / 1:5000	1:640 / 1:1280	positiv	n.u.	positiv	positiv	positiv	Schwaben
August	1998	10	Bay.Wbl.	Stute	85049	1:640	1:16	n.u.	n.u.	n.u.	n.u.	n.u.	Oberbayern
September	1998		Pony	unbekannt	86842	1:320	n.u.	n.u.	n.u.	n.u.	positiv	n.u.	Schwaben
Oktober	1998	7	Traber	Stute	82291	n.u.	n.u.	n.u.	n.u.	n.u.	negativ	positiv	Oberbayern
November	1998	3	Pinto	Wallach	84171	n.u.	n.u.	n.u.	n.u.	n.u.	positiv	positiv	Niederbayern
Dezember	1998	9	estfälisches Warmb	Wallach	91183	n.u.	n.u.	n.u.	n.u.	n.u.	positiv	n.u.	Mittelfranken
Dezember	1998	8	Quarter Horse	Stute	86576	n.u.	n.u.	n.u.	n.u.	n.u.	positiv	positiv	Schwaben
Dezember	1998	9	Württemberger	Wallach	90408	negativ / 1:20	1:4	n.u.	n.u.	n.u.	positiv	positiv	Mittelfranken
Januar	1999	9	Haflinger	Wallach	85049	1:320	n.u.	n.u.	n.u.	n.u.	positiv	positiv	Oberbayern
Februar	1999	16	Warmblut	Stute	90596	n.u.	n.u.	n.u.	n.u.	n.u.	n.u.	positiv	Mittelfranken
März	1999	25	Württemberger	Wallach	92353	negativ	negativ	n.u.	n.u.	positiv	n.u.	n.u.	Oberpfalz
März	1999	11	Isländer	Stute	90547	n.u.	n.u.	n.u.	n.u.	n.u.	n.u.	positiv	Mittelfranken
März	1999	5	estfälisches Warmb	Stute	93167	1:640	1:128	n.u.	n.u.	n.u.	positiv	positiv	Niederbayern
März	1999	6	Tinker	Stute	95448	n.u.	n.u.	n.u.	n.u.	n.u.	n.u.	positiv	Oberfranken

April	1999	19	Haflinger	Stute	86343	negativ / 1:320	1:32	n.u.	n.u.	n.u.	positiv	positiv	Schwaben
April	1999	10	Dt.Reitpony	Stute	84416	n.u.	n.u.	n.u.	n.u.	n.u.	positiv	positiv	Oberbayern
Mai	1999	8	Traber	Stute	82291	n.u.	n.u.	n.u.	n.u.	n.u.	positiv	positiv	Oberbayern
Mai	1999		Warmblut	Stute	86609	n.u.	n.u.	n.u.	n.u.	n.u.	n.u.	positiv	Schwaben
Mai	1999	13	Isländer	Hengst	86856	n.u.	n.u.	n.u.	n.u.	n.u.	positiv	n.u.	Schwaben
Juni	1999	7	Tori	Stute	86756	1:40 / 1:160 / 1:320	n.u.	n.u.	n.u.	n.u.	n.u.	n.u.	Schwaben
Juni	1999	9	Haflinger	Stute	91207	>1:10	n.u.	n.u.	n.u.	n.u.	n.u.	positiv	Mittelfranken
Juni	1999	10	Holländ.Wbl.	Stute	82278	negativ / 1:20	1:256	positiv	positiv	n.u.	n.u.	n.u.	Oberbayern
Juli	1999	9	Bay.Wbl.	Stute	86561	1:40	n.u.	n.u.	n.u.	n.u.	positiv	positiv	Oberbayern
September	1999	12	Holsteiner	Wallach	86845	negativ / 1:20	n.u.	n.u.	n.u.	n.u.	positiv	positiv	Schwaben
Oktober	1999	2	Paint Horse	Stute	82278	1:160	n.u.	n.u.	n.u.	n.u.	positiv	positiv	Oberbayern
Oktober	1999	4	Trakehner	Wallach	86678	n.u.	n.u.	n.u.	n.u.	n.u.	positiv	positiv	Schwaben
November	1999	6	Andalusier	Wallach	85232	1:320	1:16	n.u.	n.u.	n.u.	n.u.	positiv	Oberbayern
Dezember	1999	7	Warmblut	unbekannt	92318	1:320	1:4	n.u.	n.u.	n.u.	positiv	positiv	Oberpfalz
Dezember	1999	9	Warmblut	Wallach	90552	n.u.	n.u.	n.u.	n.u.	n.u.	n.u.	positiv	Mittelfranken
Januar	2000	9	Pony	Stute	88916	1:640	n.u.	n.u.	n.u.	n.u.	positiv	positiv	Oberbayern
Januar	2000	9	Friese	Stute	87616	1:160	1:2	n.u.	n.u.	n.u.	positiv	positiv	Schwaben
Januar	2000	10	Haflinger	Wallach	91126	n.u.	n.u.	n.u.	n.u.	n.u.	n.u.	positiv	Oberbayern
Januar	2000	2	Pinto	Hengst	97450	n.u.	n.u.	n.u.	n.u.	n.u.	n.u.	positiv	Unterfranken
Januar	2000	15	Warmblut	Wallach	89343	1:10 / 1:320	n.u.	positiv	positiv	n.u.	n.u.	n.u.	Schwaben
Februar	2000	3	Warmblut	Wallach	85283	1:40 / 1:80	1:16	n.u.	n.u.	n.u.	positiv	positiv	Oberbayern
Februar	2000	6	Warmblut	Stute	86944	negativ / 1:40	negativ	n.u.	positiv	n.u.	n.u.	n.u.	Oberbayern
Februar	2000	7	Haflinger	Wallach	86946	n.u.	n.u.	n.u.	n.u.	n.u.	positiv	positiv	Oberbayern
März	2000	6	Warmblut	Wallach	85051	negativ / 1:80 / 1:160	1:8	n.u.	n.u.	n.u.	positiv	positiv	Oberbayern
März	2000	4	Traber	Wallach	93053	1:40 / 1:80	n.u.	n.u.	n.u.	n.u.	positiv	positiv	Oberpfalz
März	2000	6	Lusitano	Stute	85445	1:160	n.u.	n.u.	n.u.	n.u.	positiv	positiv	Oberbayern
März	2000	11	Hannoveraner	Wallach	86381	negativ / 1:160 / 1:640	1:8	n.u.	n.u.	n.u.	n.u.	positiv	Schwaben
März	2000	2	Bay.Wbl.	Hengst	86830	negativ / 1:10	n.u.	n.u.	n.u.	n.u.	positiv	positiv	Schwaben
April	2000	3	Haflinger	Stute	86316	negativ	negativ	n.u.	n.u.	n.u.	positiv	positiv	Schwaben
April	2000	10	Warmblut	Wallach	87754	n.u.	n.u.	n.u.	n.u.	n.u.	positiv	positiv	Schwaben
Mai	2000	6	Haflinger	Stute	86473	negativ / 1:160 / 1:320	n.u.	positiv	positiv	n.u.	positiv	positiv	Schwaben
Mai	2000	11	Bay.Wbl.	Stute	85406	1:40	1:256	positiv	positiv	n.u.	positiv	n.u.	Oberbayern
Mai	2000	4	Bay.Wbl.	Stute	85132	negativ	negativ	n.u.	n.u.	n.u.	positiv	positiv	Oberbayern
Mai	2000	8	Traber	Stute	85664	negativ	1:8	n.u.	n.u.	n.u.	positiv	n.u.	Oberbayern
Mai	2000	9	Pony	Stute	86476	negativ / 1:20	1:8	positiv	positiv	n.u.	positiv	positiv	Schwaben
Mai	2000	16	Haflinger	Wallach	86551	negativ / 1:20 / 1:160	n.u.	n.u.	n.u.	n.u.	positiv	positiv	Schwaben
Juni	2000	10	Haflinger	Wallach	91481	n.u.	n.u.	n.u.	n.u.	n.u.	n.u.	positiv	Mittelfranken
Juni	2000	4	Trakehner	Stute	82291	1:80	1:8	n.u.	n.u.	n.u.	n.u.	positiv	Oberbayern
Juni	2000	4	Trakehner	Stute	82291	n.u.	n.u.	n.u.	n.u.	n.u.	n.u.	positiv	Oberbayern
Juni	2000	12	unbekannt	Stute	84581	negativ / 1:320	n.u.	n.u.	n.u.	n.u.	n.u.	n.u.	Schwaben
Juni	2000	5	Pinto	Wallach	82216	1:160	1:64	n.u.	n.u.	n.u.	positiv	positiv	Oberbayern

Juni	2000	10	Bay.Wbl.	Wallach	86949	negativ	n.u.	n.u.	n.u.	n.u.	positiv	positiv	Oberbayern
Juni	2000	6	Haflinger	Stute	91180	1:160	1:256	positiv	positiv	n.u.	n.u.	positiv	Mittelfranken
Juli	2000	21	unbekannt	Stute	91171	n.u.	n.u.	n.u.	n.u.	n.u.	n.u.	positiv	Mittelfranken
Juli	2000	10	Haflinger	Wallach	91465	n.u.	n.u.	n.u.	n.u.	n.u.	n.u.	positiv	Mittelfranken
Juli	2000	5	Warmblut	Wallach	86862	1:20	1:32	n.u.	n.u.	n.u.	n.u.	n.u.	Schwaben
August	2000	6	Quarter Horse	Stute	86316	negativ / 1:5	1:256	positiv	positiv	n.u.	n.u.	n.u.	Schwaben
August	2000	10	Bay.Wbl.	Wallach	85232	1:320	1:256	n.u.	n.u.	n.u.	positiv	positiv	Oberbayern
August	2000	8	Warmblut	Wallach	92442	n.u.	n.u.	n.u.	n.u.	n.u.	positv	positiv	Oberpfalz
September	2000	9	Warmblut	Wallach	88633	negativ / 1:20	n.u.	n.u.	n.u.	n.u.	positiv	positiv	Oberbayern
Oktober	2000	6	Hannoveraner	Stute	80995	negativ	negativ	n.u.	n.u.	n.u.	positiv	n.u.	Oberbayern
Dezember	2000	9	Warmblut	Wallach	84186	n.u.	n.u.	n.u.	n.u.	n.u.	positiv	positiv	Niederbayern
Dezember	2000	2	Araber	Hengst	91164	n.u.	n.u.	n.u.	n.u.	n.u.	n.u.	positiv	Mittelfranken
Dezember	2000	6	Warmblut	Stute	97320	n.u.	n.u.	n.u.	n.u.	n.u.	n.u.	positiv	Unterfranken
Januar	2001	3	Isländer	Hengst	86424	negativ	negativ	positiv	positiv	n.u.	positiv	positiv	Schwaben
Februar	2001	2	Bay.Wbl.	Stute	86561	negativ	1:8	n.u.	n.u.	n.u.	positiv	n.u.	Schwaben
Februar	2001	8	Bay.Wbl.	Wallach	89361	1:10	1:8	positiv	negativ	n.u.	n.u.	n.u.	Schwaben
Februar	2001	2	Araber	Hengst	91164	n.u.	n.u.	n.u.	n.u.	n.u.	n.u.	positiv	Mittelfranken
Februar	2001		Warmblut	Wallach	87754	negativ / 1:10 / 1:640	n.u.	n.u.	n.u.	n.u.	n.u.	n.u.	Schwaben
Februar	2001	9	Araber	Stute	82299	1:160	1:128	n.u.	n.u.	n.u.	n.u.	positiv	Oberbayern
Februar	2001	10	Kaltblut	Stute	91767	n.u.	n.u.	n.u.	n.u.	n.u.	n.u.	positiv	Mittelfranken
Februar	2001	19	Haflinger	Stute	84165	n.u.	negativ	n.u.	n.u.	n.u.	positiv	positiv	Niederbayern
März	2001	3	Bay.Wbl.	Stute	94431	n.u.	n.u.	n.u.	n.u.	n.u.	positiv	positiv	Niederbayern
Mai	2001	11	unbekannt	Wallach	82140	1:320	1:128	n.u.	n.u.	n.u.	n.u.	n.u.	Oberbayern
Mai	2001		unbekannt	Stute	87769	1:40 / 1:160	1:16	positiv	positiv	n.u.	n.u.	n.u.	Schwaben
Mai	2001	25	Dt.Reitpony	Stute	86343	1:320	1:512	n.u.	n.u.	n.u.	n.u.	n.u.	Schwaben
Mai	2001	5	Bay.Wbl.	Stute	85232	negativ / 1:5 / 1:80	negativ	n.u.	n.u.	n.u.	positiv	n.u.	Oberbayern
Mai	2001	6	Bay.Wbl.	Wallach	86316	1:80 / 1:160	n.u.	n.u.	n.u.	n.u.	positiv	positiv	Schwaben
Mai	2001	5	Bay.Wbl.	Wallach	86316	1:320	n.u.	n.u.	n.u.	n.u.	positiv	positiv	Schwaben
Juni	2001	26	unbekannt	Wallach	86637	1:160	1:128	n.u.	n.u.	n.u.	n.u.	n.u.	Schwaben
Juli	2001	4	Haflinger	Stute	93466	1:20 / 1:80	1:16	positiv	positiv	n.u.	n.u.	n.u.	Niederbayern
Juli	2001	2	unbekannt	Stute	91739	1:320	1:128	n.u.	n.u.	n.u.	negativ	negativ	Mittelfranken
Juli	2001	8	Hannoveraner	Stute	91054	1:40	1:8	n.u.	n.u.	n.u.	positiv	positiv	Mittelfranken
Juli	2001	11	Haflinger	Stute	86513	1:10 / 1:320 / 1:1280	1:256	positiv	positiv	n.u.	positiv	positiv	Schwaben
August	2001	1	Kaltblut	Stute	85250	1:80	1:4	n.u.	n.u.	n.u.	positiv	positiv	Oberbayern
September	2001	13	Haflinger	Stute	91344	n.u.	n.u.	n.u.	n.u.	n.u.	n.u.	positiv	Oberfranken
September	2001	12	unbekannt	Stute	91054	n.u.	n.u.	n.u.	n.u.	n.u.	n.u.	positiv	Mittelfranken
November	2001	6	Haflinger	Stute	86874	negativ / 1:40	1:2	positiv	positiv	n.u.	n.u.	n.u.	Schwaben
November	2001	4	Bay.Wbl.	Hengst	91233	n.u.	n.u.	n.u.	n.u.	n.u.	n.u.	positiv	Mittelfranken
November	2001	13	Bay.Wbl.	Wallach	85232	negativ / 1:20	negativ	n.u.	n.u.	n.u.	n.u.	n.u.	Oberbayern
November	2001	4	Kaltblut	Stute	84177	n.u.	n.u.	n.u.	n.u.	n.u.	positiv	positiv	Niederbayern
Dezember	2001	11	Warmblut	Stute	82724	1:80	1:512	n.u.	n.u.	n.u.	n.u.	positiv	Oberpfalz

Dezember	2001	8	Kaltblut	Wallach	91486	n.u.	n.u.	n.u.	n.u.	n.u.	n.u.	positiv	Mittelfranken
Dezember	2001	13	Haflinger	Wallach	86928	>1:10	n.u.	n.u.	n.u.	n.u.	positiv	positiv	Oberbayern
Dezember	2001	2	Bay.Wbl.	Stute	85111	1:20	negativ	positiv	positiv	n.u.	n.u.	n.u.	Oberbayern
Dezember	2001	1	Haflinger	Stute	86483	1:40	1:2 / 1:32	n.u.	n.u.	n.u.	positiv	positiv	Schwaben
Januar	2002	7	Friese	Hengst	86438	1:40	1:128	positiv	positiv	n.u.	n.u.	n.u.	Schwaben
Januar	2002	14	Vollblut	Wallach	86438	n.u.	positiv	positiv	positiv	n.u.	n.u.	n.u.	Schwaben
Januar	2002	15	Warmblut	Wallach	82064	1:5 / 1:10	negativ	positiv	positiv	n.u.	positiv	positiv	Oberbayern
Januar	2002	12	Warmblut	Stute	84427	n.u.	n.u.	n.u.	n.u.	n.u.	positiv	positiv	Oberbayern
Januar	2002	8	Bay.Wbl.	Wallach	86316	1:40 / 1:160	1:2 / 1:16	n.u.	n.u.	n.u.	positiv	positiv	Schwaben
Februar	2002	11	Bay.Wbl.	Stute	90610	n.u.	n.u.	n.u.	n.u.	n.u.	n.u.	positiv	Mittelfranken
Februar	2002	12	Lippizaner	Hengst	92283	negativ	negativ	positiv	positiv	n.u.	n.u.	positiv	Oberpfalz
Februar	2002	4	Bay.Wbl.	Stute	92342	1:40	1:2	n.u.	n.u.	n.u.	positiv	positiv	Oberpfalz
Februar	2002	14	Traber	Wallach	82256	n.u.	1:8	n.u.	n.u.	n.u.	positiv	positiv	Oberbayern
März	2002	7	Pinto	Wallach	86869	negativ	negativ	positiv	n.u.	n.u.	n.u.	n.u.	Schwaben
März	2002	9	Friese	Wallach	88470	1:5 / 1:40	1:32	n.u.	n.u.	n.u.	positiv	positiv	Schwaben
März	2002	14	Sorraia	Stute	85445	1:160	1:128	n.u.	n.u.	n.u.	n.u.	positiv	Oberbayern
März	2002	10	Warmblut	Wallach	85659	1:160	1:512	n.u.	n.u.	n.u.	n.u.	positiv	Oberbayern
März	2002	9	Tersker	Stute	82258	negativ	1:8	positiv	positiv	n.u.	n.u.	n.u.	Oberbayern
April	2002	17	Haflinger	Stute	84439	1:160	1:128	n.u.	n.u.	n.u.	positiv	positiv	Oberbayern
Mai	2002	4	Traber	Hengst	92342	1:6	1:2	positiv	positiv	n.u.	n.u.	n.u.	Oberpfalz
Mai	2002	8	Kaltblut	Wallach	86633	1:320	n.u.	n.u.	n.u.	n.u.	positiv	positiv	Oberbayern
Mai	2002	4	Warmblut	Stute	86495	1:160	1:16	positiv	positiv	n.u.	positiv	positiv	Schwaben
Mai	2002	7	Haflinger	Stute	88613	1:320	1:256	positiv	positiv	n.u.	positiv	positiv	Schwaben
Mai	2002	2	Warmblut	Stute	86668	negativ	1:256	n.u.	n.u.	n.u.	positiv	n.u.	Oberbayern
August	2002	12	Warmblut	Wallach	95478	1:80	1:4	positiv	positiv	n.u.	n.u.	n.u.	Oberpfalz
August	2002		Shetland Pony	unbekannt	86690	1:320	1:64	positiv	positiv	n.u.	n.u.	n.u.	Schwaben
September	2002	8	Bay.Wbl.	Wallach	84193	n.u.	n.u.	n.u.	n.u.	n.u.	positiv	n.u.	Niederbayern
September	2002	19	Quarter Horse	Stute	92260	n.u.	n.u.	n.u.	n.u.	n.u.	n.u.	positiv	Oberpfalz
November	2002	13	Tinker	Wallach	84416	1:80	1:40 / 1:320	n.u.	n.u.	n.u.	positiv	positiv	Oberbayern
Dezember	2002	11	Bay.Wbl.	Wallach	87769	1:40 / 1:80	1:8	n.u.	n.u.	n.u.	positiv	positiv	Schwaben
Dezember	2002	5	Warmblut	Stute	84130	n.u.	n.u.	n.u.	n.u.	n.u.	positiv	positiv	Niederbayern
Dezember	2002	1	Bay.Wbl.	Hengst	90602	1:320	1:16	n.u.	n.u.	n.u.	positiv	positiv	Oberpfalz
Dezember	2002	10	Traber	Wallach	84036	1:640	n.u.	n.u.	n.u.	n.u.	egativ/Verwesu	positiv	Niederbayern
Dezember	2002	17	Warmblut	Stute	84416	1:20 / 1:40	n.u.	n.u.	n.u.	n.u.	positiv	n.u.	Oberbayern
Januar	2003	16	unbekannt	Stute	85567	n.u.	n.u.	n.u.	n.u.	n.u.	positiv	positiv	Oberbayern
Januar	2003	18	Hannoveraner	Stute	84405	n.u.	n.u.	n.u.	n.u.	n.u.	positiv	positiv	Oberbayern
Februar	2003	20	Traber	Stute	88163	1:40	1:256	positiv	positiv	n.u.	n.u.	n.u.	Schwaben
Februar	2003	6	Pony	Wallach	85664	1:40	1:128	n.u.	n.u.	n.u.	positiv	positiv	Oberbayern
Februar	2003	5	Paint Horse	Stute	82288	1:320 / 1:640	1:256	positiv	positiv	n.u.	n.u.	n.u.	Oberbayern
Februar	2003	4	Dt.Reitpony	Wallach	91077	n.u.	n.u.	n.u.	n.u.	n.u.	positiv	positiv	Mittelfranken
Februar	2003	14	Traber	Stute	80337	1:160	n.u.	n.u.	n.u.	n.u.	positiv	positiv	Oberbayern

März	2003	20	Haflinger	Wallach	86316	negativ	negativ	positiv	positiv	n.u.	n.u.	n.u.	Schwaben
März	2003	2	Bay.Wbl.	Hengst	90559	1:40 / 1:640	n.u.	n.u.	n.u.	n.u.	n.u.	n.u.	Mittelfranken
März	2003	5	Shetland Pony	Wallach	86859	negativ	negativ	positiv	negativ	n.u.	n.u.	n.u.	Oberbayern
April	2003	5	Isländer	Wallach	92715	n.u.	n.u.	n.u.	n.u.	n.u.	positiv	n.u.	Oberpfalz
April	2003	9	Quarter Horse	Stute	86807	negativ / 1:40 / 1:80	negativ	n.u.	n.u.	n.u.	positiv	positiv	Schwaben
April	2003	12	Holsteiner	Wallach	85260	1:10	n.u.	n.u.	n.u.	n.u.	positiv	positiv	Oberbayern
April	2003	8	Achal Tekkiner	Stute	91233	n.u.	n.u.	n.u.	n.u.	n.u.	positiv	positiv	Mittelfranken
April	2003	1	Appaloosa	Stute	97486	n.u.	n.u.	n.u.	n.u.	n.u.	positiv	n.u.	Unterfranken
Mai	2003	7	Tinker	Stute	86926	1:320	n.u.	positiv	positiv	n.u.	n.u.	n.u.	Oberbayern
Mai	2003	7	Quarter Horse	Stute	85447	negativ / 1:160	n.u.	n.u.	n.u.	n.u.	positiv	positiv	Oberbayern
Mai	2003	3	Kaltblut	Hengst	85560	1:80	1:64	n.u.	n.u.	n.u.	positiv	positiv	Oberbayern
Mai	2003	18	Württemberger	Wallach	82256	1:160	n.u.	n.u.	n.u.	n.u.	positiv	positiv	Oberbayern
August	2003	4	Bay.Wbl.	Wallach	84072	1:80	1:32	n.u.	n.u.	n.u.	positiv	positiv	Oberbayern
Oktober	2003		Isländer	Stute	92319	1:320	n.u.	positiv	positiv	n.u.	n.u.	n.u.	Oberpfalz
November	2003		Tinker	Stute	86441	1:10 / 1:80	n.u.	n.u.	n.u.	n.u.	n.u.	n.u.	Schwaben
Dezember	2003	10	Esel	Wallach	85570	1:40 / 1:320	n.u.	n.u.	n.u.	n.u.	n.u.	n.u.	Oberbayern
Dezember	2003	9	Traber	Stute	84160	1:20	n.u.	n.u.	n.u.	n.u.	n.u.	positiv	Niederbayern
Dezember	2003	4	Bay.Wbl.	Stute	82551	negativ	n.u.	n.u.	n.u.	n.u.	positiv	positiv	Schwaben
Januar	2004	3	Bay.Wbl.	Hengst	84166	1:640	1:128	n.u.	n.u.	n.u.	positiv	positiv	Niederbayern
Januar	2004	2	Warmblut	Hengst	84069	n.u.	n.u.	n.u.	n.u.	n.u.	positiv	positiv	Oberpfalz
Januar	2004	16	Kaltblut	Stute	91174	1:20 / 1:40	negativ	positiv	positiv	n.u.	positiv	n.u.	Mittelfranken
Januar	2004	15	Hannoveraner	Wallach	91174	negativ	negativ	positiv	positiv	n.u.	positiv	n.u.	Mittelfranken
Februar	2004	4	Warmblut	Stute	81249	1:160 / 1:640	1:256	n.u.	n.u.	n.u.	n.u.	n.u.	Oberbayern
Februar	2004	5	Dt.Reitpony	Wallach	91798	negativ / 1:80	negativ	n.u.	n.u.	n.u.	positiv	n.u.	Mittelfranken
März	2004		unbekannt	Stute	87757	1:20	1:16	n.u.	n.u.	n.u.	n.u.	n.u.	Schwaben
März	2004	4	Shetland Pony	Stute	86507	1:640	1:256	positiv	positiv	n.u.	n.u.	n.u.	Schwaben
März	2004	11	unbekannt	Wallach	84539	n.u.	n.u.	n.u.	n.u.	n.u.	positiv	positiv	Oberbayern
März	2004	3	Bay.Wbl.	Stute	87757	1:80	1:128	positiv	positiv	n.u.	n.u.	n.u.	Schwaben
April	2004		unbekannt	Stute	84427	1:80 / 1:640	n.u.	n.u.	n.u.	n.u.	n.u.	n.u.	Oberbayern
April	2004	16	Bay.Wbl.	Wallach	94327	1:10	negativ	positiv	positiv	n.u.	n.u.	n.u.	Niederbayern
Mai	2004	4	Quarter Horse	Hengst	94333	n.u.	n.u.	n.u.	n.u.	n.u.	positiv	positiv	Niederbayern
Mai	2004	8	Bay.Wbl.	Stute	86928	n.u.	n.u.	n.u.	n.u.	n.u.	positiv	positiv	Oberbayern
Juni	2004	9	Bay.Wbl.	Wallach	87754	n.u.	n.u.	n.u.	n.u.	n.u.	positiv	positiv	Schwaben
Juli	2004		Warmblut	Stute	87772	1:160 / 1:320	1:32	positiv	positiv	n.u.	n.u.	n.u.	Schwaben
Juli	2004	20	Bay.Wbl.	Stute	86480	1:20	1:64	positiv	positiv	n.u.	positiv	positiv	Schwaben
September	2004	9	Quarter Horse	Wallach	94494	n.u.	1:16	n.u.	n.u.	n.u.	n.u.	n.u.	Oberbayern
September	2004	9	Bay.Wbl.	Stute	85111	1:10	n.u.	n.u.	n.u.	n.u.	positiv	positiv	Oberbayern
Oktober	2004	9	Warmblut	Wallach	86441	1:80	1:4	positiv	positiv	n.u.	n.u.	n.u.	Schwaben
Oktober	2004	8	Holländ.Wbl.	Wallach	86854	n.u.	n.u.	n.u.	n.u.	n.u.	positiv	positiv	Schwaben
November	2004		Haflinger	Hengst	86899	n.u.	n.u.	n.u.	n.u.	n.u.	positiv	positiv	Oberbayern
Dezember	2004	11	Trakehner	Stute	84416	negativ / 1:10 / 1:80	n.u.	n.u.	n.u.	n.u.	positiv	positiv	Oberbayern

Dezember	2004	19	Pony	Wallach	86875	1:320	1:16	positiv	positiv	n.u.	n.u.	n.u.	Schwaben
Januar	2005	12	Traber	Wallach	85111	n.u.	n.u.	n.u.	n.u.	n.u.	positiv	positiv	Oberbayern
März	2005	6	Haflinger	Stute	86513	1:80	n.u.	n.u.	n.u.	n.u.	positiv	positiv	Schwaben
März	2006	3	Warmblut	Stute	83439	1:40 / 1:640	n.u.	n.u.	n.u.	n.u.	positiv	positiv	Oberbayern
März	2005	13	Warmblut	Wallach	86842	n.u.	n.u.	positiv	positiv	n.u.	n.u.	n.u.	Schwaben
März	2005	13	Warmblut	Wallach	84416	1:320	1:16	positiv	positiv	n.u.	n.u.	n.u.	Oberbayern
März	2006	13	Haflinger	Wallach	82031	n.u.	n.u.	n.u.	n.u.	n.u.	positiv	positiv	Oberbayern
März	2005	9	Pinto	Stute	95469	n.u.	n.u.	n.u.	n.u.	n.u.	positiv	positiv	Oberfranken
April	2006	15	Warmblut	Wallach	94376	1:320	n.u.	n.u.	n.u.	n.u.	n.u.	n.u.	Niederbayern
April	2005	11	Bay.Wbl.	Wallach	84079	negativ	negativ	n.u.	n.u.	n.u.	n.u.	positiv	Niederbayern
April	2005	5	Bay.Wbl.	Wallach	86476	1:160	1:32	n.u.	n.u.	n.u.	positiv	positiv	Schwaben
April	2006	26	Haflinger	Wallach	86925	n.u.	n.u.	n.u.	n.u.	n.u.	positiv	positiv	Oberbayern
April	2005	17	Warmblut	Stute	84175	n.u.	n.u.	n.u.	n.u.	n.u.	n.u.	positiv	Niederbayern
April	2005	22	Ungar.Wbl.	Wallach	86483	1:20	negativ	negativ	negativ	n.u.	n.u.	positiv	Schwaben
Juni	2006	1	Appaloosa	Hengst	89349	negativ / 1:40 / 1:160 / 1:320 / 1:1280	n.u.	n.u.	n.u.	n.u.	n.u.	n.u.	Schwaben
Juni	2005		Pony	unbekannt	86510	n.u.	n.u.	n.u.	n.u.	positiv	n.u.	n.u.	Schwaben
Juni	2005	17	Creollo	Wallach	90602	n.u.	n.u.	n.u.	n.u.	n.u.	positiv	positiv	Oberpfalz
Juni	2006	17	Oldenburger	Wallach	92348	1:80	1:64	n.u.	n.u.	n.u.	positiv	positiv	Oberpfalz
Juni	2005	12	Kaltblut	Stute	95469	n.u.	n.u.	n.u.	n.u.	n.u.	positiv	positiv	Oberfranken
Juni	2006	7	Haflinger	Wallach	90542	negativ / 1:40	negativ / 1:4	n.u.	n.u.	n.u.	n.u.	n.u.	Mittelfranken
Juni	2006	8	Warmblut	Stute	86845	negativ / 1:160	n.u.	n.u.	n.u.	n.u.	positiv	positiv	Schwaben
Juli	2005		Warmblut	Hengst	85396	n.u.	n.u.	n.u.	n.u.	n.u.	positiv	positiv	Oberbayern
Juli	2006	14	Welsh Pony	Wallach	82287	n.u.	n.u.	n.u.	n.u.	n.u.	positiv	positiv	Oberbayern
Juli	2005	10	Warmblut	Stute	86686	negativ	n.u.	n.u.	n.u.	n.u.	positiv	positiv	Schwaben
August	2005	14	Pony	Stute	86926	negativ	1:128	n.u.	n.u.	n.u.	positiv	positiv	Oberbayern
August	2006	28	Warmblut	Stute	87719	n.u.	n.u.	n.u.	n.u.	n.u.	positiv	positiv	Schwaben
September	2005	9	Bay.Wbl.	Stute	89853	negativ	1:2	n.u.	n.u.	positiv	n.u.	n.u.	Schwaben
September	2005	5	Quarter Horse	Stute	86558	1:80 / 1:160	n.u.	n.u.	n.u.	n.u.	positiv	positiv	Oberbayern
Oktober	2006	9	Haflinger	Wallach	88947	1:160	1:256	positiv	positiv	n.u.	n.u.	n.u.	Oberbayern
Oktober	2005	13	Warmblut	Stute	85774	n.u.	n.u.	n.u.	n.u.	n.u.	positiv	positiv	Oberbayern
Oktober	2006	20	Traber	Stute	84178	1:40	1:8	n.u.	n.u.	n.u.	positiv	positiv	Niederbayern
Oktober	2006	1	Isländer	Stute	91171	1:640	n.u.	n.u.	n.u.	n.u.	positiv	positiv	Mittelfranken
Oktober	2005	12	Bay.Wbl.	Stute	85051	n.u.	1:4	n.u.	n.u.	n.u.	positiv	positiv	Oberbayern
Oktober	2006	14	Haflinger	Wallach	89343	1:640 / 1:1280	1:1024	positiv	positiv	n.u.	n.u.	n.u.	Schwaben
November	2005	17	Appaloosa	Stute	92318	1:40 / 1:80	1:8	positiv	positiv	n.u.	n.u.	n.u.	Oberpfalz
Januar	2006	10	Creollo	Wallach	86732	n.u.	1:8	n.u.	n.u.	n.u.	n.u.	n.u.	Schwaben
Januar	2006	9	Haflinger	Stute	91728	1:160	1:8	positiv	positiv	n.u.	positiv	positiv	Mittelfranken
Februar	2006	9	Araber	Wallach	86094	n.u.	n.u.	n.u.	n.u.	n.u.	positiv	positiv	Niederbayern
März	2006	14	Warmblut	Wallach	86732	1:320	1:16	positiv	negativ	n.u.	n.u.	n.u.	Schwaben
März	2006	15	unbekannt	Wallach	80539	negativ / 1:320	n.u.	n.u.	n.u.	n.u.	positiv	positiv	Oberbayern
März	2006	10	unbekannt	Stute	85764	1:320	n.u.	n.u.	n.u.	n.u.	positiv	positiv	Oberbayern

März	2006	1	Bay.Wbl.	Stute	84061	n.u.	n.u.	n.u.	n.u.	n.u.	positiv	n.u.	Niederbayern
April	2006	8	Haflinger	Stute	86441	1:80 / 1:160	n.u.	n.u.	n.u.	n.u.	positiv	positiv	Schwaben
April	2006	15	Dt.Reitpony	Wallach	86441	1:5	negativ	n.u.	n.u.	n.u.	positiv	positiv	Schwaben
April	2006	15	Bay.Wbl.	Wallach	85874	1:20 / 1:320	n.u.	n.u.	n.u.	n.u.	positiv	positiv	Schwaben
April	2006	15	Andalusier	Wallach	91161	n.u.	n.u.	n.u.	n.u.	n.u.	positiv	positiv	Mittelfranken
Mai	2006	3	Araber	Hengst	91177	n.u.	n.u.	n.u.	n.u.	n.u.	positiv	positiv	Mittelfranken
Mai	2006	15	Haflinger	Stute	95704	n.u.	n.u.	n.u.	n.u.	n.u.	positiv	positiv	Oberpfalz
Juni	2006	13	Kaltblut	Stute	86505	1:40 / 1:80 / 1:320	n.u.	n.u.	n.u.	n.u.	n.u.	n.u.	Schwaben
Juni	2006	6	Holsteiner	Stute	89257	1:320	1:128	n.u.	n.u.	positiv	n.u.	n.u.	Schwaben
Juni	2006	10	Haflinger	Stute	86169	1:320	1:80	positiv	positiv	n.u.	n.u.	n.u.	Schwaben
Juni	2006	10	Bay.Wbl.	Wallach	84110	n.u.	n.u.	n.u.	n.u.	n.u.	positiv	positiv	Niederbayern
Juni	2006	12	Haflinger	Stute	85560	1:20	n.u.	positiv	positiv	n.u.	n.u.	n.u.	Oberbayern
Juni	2006	4	Isländer	unbekannt	84036	1:80	1:32	n.u.	n.u.	n.u.	n.u.	n.u.	Niederbayern
Juli	2006	11	Esel	Stute	82216	n.u.	n.u.	n.u.	n.u.	n.u.	positiv	positiv	Oberbayern
Juli	2006	12	Warmblut	Wallach	91154	n.u.	n.u.	positiv	positiv	n.u.	n.u.	n.u.	Mittelfranken
Juli	2006	14	Warmblut	Wallach	84174	n.u.	n.u.	n.u.	n.u.	n.u.	positiv	n.u.	Niederbayern
Juli	2006	4	Kaltblut	Stute	91785	n.u.	n.u.	n.u.	n.u.	n.u.	positiv	positiv	Mittelfranken
September	2006	16	Traber	Wallach	84186	1:10 / 1:80 / 1:320	n.u.	n.u.	n.u.	n.u.	positiv	positiv	Niederbayern
November	2006	4	Quarter Horse	Stute	92367	n.u.	n.u.	n.u.	n.u.	n.u.	positiv	positiv	Oberpfalz
November	2006	15	Kaltblut	Wallach	93355	n.u.	n.u.	n.u.	n.u.	n.u.	positiv	positiv	Niederbayern
Dezember	2006	9	Friese	Stute	85283	1:160	1:256	n.u.	n.u.	n.u.	positiv	positiv	Oberbayern
Januar	2007	16	Oldenburger	Stute	86316	1:320	n.u.	n.u.	n.u.	n.u.	positiv	positiv	Oberbayern
Februar	2007	11	Ungar.Wbl.	Wallach	88932	n.u.	n.u.	n.u.	n.u.	n.u.	positiv	positiv	Oberbayern
März	2007	8	Traber	Wallach	84149	n.u.	n.u.	n.u.	n.u.	n.u.	positiv	positiv	Niederbayern
März	2007	16	Bay.Wbl.	Stute	85462	1:320	1:8	positiv	positiv	n.u.	positiv	positiv	Schwaben
April	2007	10	Bay.Wbl.	Wallach	91245	negativ	negativ	n.u.	n.u.	n.u.	positiv	positiv	Mittelfranken
Mai	2007	6	Traber	Wallach	85462	1:40 / 1:320	n.u.	n.u.	n.u.	n.u.	positiv	positiv	Schwaben
Mai	2007	2	Quarter Horse	Hengst	87656	1:160	n.u.	n.u.	n.u.	n.u.	positiv	positiv	Schwaben
Mai	2007	10	Pony	Stute	63762	1:320	1:64	n.u.	n.u.	n.u.	n.u.	n.u.	Unterfranken
Juni	2007	11	Bay.Wbl.	Stute	84544	1:320	1:64	n.u.	n.u.	n.u.	positiv	positiv	Oberbayern
Juli	2007	16	Pony	Stute	88629	1:320	1:32	n.u.	n.u.	n.u.	n.u.	n.u.	Oberbayern
August	2007	7	Hannoveraner	Stute	88697	1:20 / 1:40	1:32	positiv	positiv	n.u.	n.u.	n.u.	Oberbayern
August	2007	6	Bay.Wbl.	Wallach	86505	negativ / 1:20	1:32	positiv	positiv	n.u.	positiv	positiv	Schwaben
August	2007	11	Tinker	Stute	91757	1:40 / 1:80	1:128	positiv	positiv	n.u.	n.u.	n.u.	Schwaben
August	2007	6	Bay.Wbl.	Wallach	90559	n.u.	n.u.	n.u.	n.u.	n.u.	positiv	positiv	Mittelfranken
August	2007	11	Isländer	Stute	84175	n.u.	n.u.	n.u.	n.u.	n.u.	positiv	positiv	Niederbayern
Oktober	2007	14	Bay.Wbl.	Stute	88850	negativ / 1:40	n.u.	n.u.	n.u.	n.u.	n.u.	n.u.	Schwaben
Oktober	2007	12	Trakehner	Stute	91233	1:160	1:32	positiv	positiv	n.u.	n.u.	n.u.	Mittelfranken
November	2007	14	Warmblut	Stute	84513	n.u.	n.u.	n.u.	n.u.	n.u.	positiv	positiv	Oberbayern
November	2007	9	Tinker	Wallach	88925	negativ	negativ	positiv	positiv	n.u.	n.u.	n.u.	Oberbayern
November	2007	21	Trakehner	Stute	92356	1:40 / 1:160	1:6	positiv	positiv	n.u.	n.u.	n.u.	Oberpfalz

Dezember	2007	4	Friese	Stute	86685	negativ / 1:20 / 1:320	n.u.	n.u.	n.u.	n.u.	n.u.	n.u.	Schwaben
Dezember	2007	13	Warmblut	Stute	85764	n.u.	n.u.	n.u.	n.u.	n.u.	positiv	positiv	Oberbayern
Dezember	2007	4	Friese	Hengst	86485	1:20 / 1:160	1:4	n.u.	n.u.	n.u.	positiv	positiv	Schwaben
Dezember	2007	9	Warmblut	Wallach	86316	n.u.	n.u.	n.u.	n.u.	n.u.	n.u.	positiv	Schwaben
Januar	2008	3	Kaltblut	Stute	87754	1:80	1:4	positiv	positiv	n.u.	n.u.	n.u.	Schwaben
Januar	2008	1	Bay.Wbl.	Hengst	92360	positiv	n.u.	n.u.	n.u.	n.u.	positiv	positiv	Oberpfalz
Januar	2008	9	Quarter Horse	Wallach	85126	1:320	1:16	positiv	positiv	n.u.	n.u.	n.u.	Oberbayern
Januar	2008	8	Araber	Stute	91599	n.u.	n.u.	n.u.	n.u.	n.u.	positiv	positiv	Mittelfranken
Januar	2008	10	Dt.Reitpony	Stute	85049	n.u.	n.u.	n.u.	n.u.	n.u.	n.u.	positiv	Oberbayern
Februar	2008	15	Quarter Horse	Wallach	91788	n.u.	n.u.	n.u.	n.u.	n.u.	positiv	positiv	Mittelfranken
Februar	2008	11	Kaltblut	Wallach	84186	n.u.	n.u.	n.u.	n.u.	n.u.	positiv	positiv	Niederbayern
Februar	2008	11	Warmblut	Stute	85419	n.u.	n.u.	n.u.	n.u.	n.u.	positiv	positiv	Oberbayern
März	2008	19	Warmblut	Stute	85049	n.u.	n.u.	n.u.	n.u.	n.u.	positiv	positiv	Oberbayern
März	2008	17	Bay.Wbl.	Wallach	92334	n.u.	n.u.	n.u.	n.u.	n.u.	positiv	positiv	Oberpfalz
März	2008	10	Warmblut	Stute	85098	n.u.	n.u.	n.u.	n.u.	n.u.	positiv	positiv	Oberbayern
März	2008	11	Bay.Wbl.	Stute	91710	1:2560	n.u.	n.u.	n.u.	n.u.	positiv	positiv	Mittelfranken
März	2008	10	Bay.Wbl.	Stute	86159	n.u.	n.u.	n.u.	n.u.	n.u.	positiv	positiv	Schwaben
März	2008	4	Bay.Wbl.	Wallach	82287	positiv	n.u.	n.u.	n.u.	n.u.	positiv	positiv	Oberbayern
März	2008	10	Hannoveraner	Wallach	95697	n.u.	n.u.	n.u.	n.u.	n.u.	positiv	positiv	Oberfranken
April	2008	8	Oldenburger	Wallach	91757	positiv	n.u.	positiv	positiv	n.u.	n.u.	n.u.	Mittelfranken
April	2008	9	Friese	Wallach	91183	n.u.	n.u.	n.u.	n.u.	n.u.	positiv	positiv	Mittelfranken
April	2008	7	Oldenburger	Stute	87677	1:20 / 1:40	positiv	positiv	positiv	n.u.	n.u.	n.u.	Schwaben
April	2008	5	Trakehner	Wallach	91183	n.u.	n.u.	n.u.	n.u.	n.u.	positiv	positiv	Mittelfranken
April	2008	8	Andalusier	Wallach	86564	1:20	1:2	positiv	positiv	n.u.	n.u.	n.u.	Oberbayern
April	2008	14	Warmblut	Wallach	84091	n.u.	1:128	n.u.	n.u.	n.u.	n.u.	n.u.	Niederbayern
Mai	2008	2	Traber	Stute	85395	positiv	n.u.	n.u.	n.u.	n.u.	positiv	positiv	Oberbayern
Mai	2008	12	Paint Horse	Stute	94505	n.u.	n.u.	n.u.	n.u.	n.u.	positiv	positiv	Niederbayern
Mai	2008	4	Haflinger	Stute	91781	1:40	n.u.	n.u.	n.u.	n.u.	positiv	positiv	Mittelfranken
Juni	2008	3	Achal Tekkiner	Wallach	82398	n.u.	n.u.	n.u.	n.u.	n.u.	positiv	positiv	Oberbayern
Juni	2008	9	Holsteiner	Stute	86316	positiv	n.u.	n.u.	n.u.	positiv	n.u.	n.u.	Schwaben
Juni	2008	5	Quarter Horse	Stute	86863	n.u.	n.u.	n.u.	n.u.	n.u.	positiv	positiv	Schwaben
Juni	2008	22	Vollblut	Wallach	86865	n.u.	n.u.	n.u.	n.u.	n.u.	n.u.	positiv	Schwaben
Juni	2008	2	Warmblut	Hengst	84061	n.u.	n.u.	n.u.	n.u.	n.u.	positiv	positiv	Niederbayern
Juni	2008	7	Warmblut	Wallach	91301	1:20	n.u.	positiv	negativ	positiv	n.u.	n.u.	Oberfranken
Juli	2008	8	Vollblut	Stute	87745	negativ	n.u.	n.u.	n.u.	n.u.	n.u.	positiv	Schwaben
Juli	2008	5	Haflinger	Stute	84100	n.u.	n.u.	n.u.	n.u.	n.u.	n.u.	positiv	Niederbayern
Juli	2008	4	Bay.Wbl.	Stute	85126	n.u.	n.u.	n.u.	n.u.	n.u.	positiv	positiv	Oberbayern
Juli	2008	10	Pony	Stute	82216	n.u.	n.u.	n.u.	n.u.	n.u.	positiv	positiv	Oberbayern
Juli	2008	15	Traber	Wallach	93352	n.u.	n.u.	n.u.	n.u.	n.u.	positiv	positiv	Niederbayern
August	2008	10	Bay.Wbl.	Wallach	86720	n.u.	n.u.	n.u.	n.u.	n.u.	n.u.	positiv	Schwaben
September	2008	14	Andalusier	Stute	86316	n.u.	n.u.	n.u.	n.u.	n.u.	n.u.	positiv	Schwaben

September	2008	8	estfälisches Warmb	Stute	93326	n.u.	n.u.	n.u.	n.u.	n.u.	positiv	positiv	Niederbayern
Oktober	2008	9	Haflinger	Wallach	86947	1:160	1:256	positiv	positiv	n.u.	n.u.	n.u.	Oberbayern
November	2008	13	Andalusier	Wallach	82272	n.u.	n.u.	n.u.	n.u.	n.u.	positiv	positiv	Oberbayern
November	2008	7	Isländer	Stute	87782	n.u.	n.u.	n.u.	n.u.	n.u.	positiv	positiv	Schwaben

Danksagung

Meinem Doktorvater, Herrn Prof. Dr. A. Grabner danke ich für die Überlassung des interessanten Themas, die freundschaftliche Zusammenarbeit und seine stets gewährte Unterstützung und Beratung bei der Durchführung der Arbeit.

Mein ganz besonderer Dank gilt Dr. Franz Josef Pauels und seinen Mitarbeitern, für die überaus freundliche Aufnahme in der Bayerischen Tierseuchenkasse, München. Vielen Dank für Ihre Anregungen und Ihre Hilfe bei der Umsetzung der Arbeit und im Besonderen für die Bereitstellung der Unterlagen des verwendeten Datenmaterials sowie die großzügige Finanzierung des Drucks.

Mein Dank gilt auch Frau Dr. Sibylle Herzog vom Institut für Virologie, Gießen, für die freundliche Zusammenarbeit und Ihre außerordentliche Unterstützung bei der Durchführung der Laborarbeiten. Vielen Dank auch für die Hilfe bei der Interpretation der Ergebnisse und die Durchsicht des Manuskripts. Ihre außergewöhnliche Hilfsbereitschaft hat entscheidend zum Gelingen der Arbeit beigetragen. Im Weiteren möchte ich mich bei Ihr, für die freundschaftliche Aufnahme während meiner Zeit in Gießen bedanken.

Meinem Freund Jörg danke ich für die großzügige Überlassung von verwendetem Bildmaterial und die Freundschaft während der schweren Zeit meiner Doktorarbeit.

Meinem Bruder Bernd gilt auch ein ganz besonderer Dank für die große Hilfe bei der statistischen Auswertung und in allen computertechnischen Fragen.

Abschließend danke ich meiner Mutter Hannelore für Ihre große mentale Unterstützung, Ihren festen Glauben an mich und in das Gelingen der Arbeit sowie Ihr stets offenes Ohr für meine Probleme und die finanzielle Unterstützung während dieser Zeit.

SELBSTSTÄNDIGKEITSERKLÄRUNG

Hiermit bestätige ich, dass ich die vorliegende Arbeit selbstständig angefertigt habe. Ich versichere, dass ich ausschließlich die angegebenen Quellen und Hilfen in Anspruch genommen habe.

Berlin, den 15.Dezember 2009 Ulrike Reichelt